数控设备与编程

主 编 杨璐铨

北京理工大学出版社
BEIJING INSTITUTE OF TECHNOLOGY PRESS

内容提要

本教材是以教育部最新颁发的数控技术应用专业的"数控设备与编程教学基本要求"为主线，本着必需、够用的原则对教材中涉及的各知识点重新进行了筛选和补充，在编排上注重对学生数控设备的基本操作能力、编程能力及对设备的维护保养能力的培养，并注重体现新技术、新工艺、新方法。此外，教材中各章均附有复习思考题。

图书在版编目（CIP）数据

数控设备与编程 / 杨璐铨主编 . —北京：北京理工大学出版社，2016.3
ISBN 978-7-5682-1948-8

Ⅰ.①数…　Ⅱ.①杨…　Ⅲ.①数控机床 – 程序设计 – 教材　Ⅳ.① TG659

中国版本图书馆 CIP 数据核字（2016）第 043697 号

出版发行 / 北京理工大学出版社有限责任公司
社　　址 / 北京市海淀区中关村南大街 5 号
邮　　编 /100081
电　　话 /（010）68914775（总编室）
　　　　　82562903（教材售后服务热线）
　　　　　68948351（其他图书服务热线）
网　　址 / http：//www.bitpress.com.cn
经　　销 / 全国各地新华书店
印　　刷 / 北京通县华龙印刷厂
开　　本 / 787 毫米 ×1092 毫米　1/16
印　　张 / 12
字　　数 / 307 千字
版　　次 / 2016 年 3 月第 1 版第 1 次印刷
定　　价 / 40.00 元

责任校对 / 陈玉梅
责任印制 / 边心超

PREFACE 前言

　　随着微电子技术的飞速发展，由微机控制的数控设备应用日益广泛，因而需要一批既熟悉数控设备编程与操作，同时又懂得设备维护与保养的初、中级技术人才，为此我们编写了这本教材。

　　本教材是以教育部最新颁发的数控技术应用专业的"数控设备与编程教学基本要求"为主线，以有关行业职业技能鉴定规范及技术工人等级考核标准为基点，本着必需、够用的原则对教材中涉及的各知识点重新进行了筛选和补充，在编排上注重对学生数控设备的基本操作能力、编程能力及对设备的维护保养能力的培养，并注重体现新技术、新工艺、新方法。编写中以数控技术及设备发展方向为准，深入浅出，与以往同类型的教材相比具有以下特点：

　　1. 针对岗位目标的需求，在教材中加强了数控设备操作与保养方面的内容。

　　2. 适应数控铣削与电火花加工发展的需要，教材中以铣削加工编程与加工中心操作为重点，同时还增加了数控电火花线切割与电火花成型加工机床的编程与操作的内容。

　　3. 教材中选用目前国内较为先进且普遍应用的数控设备为典型实例，并配有来自生产现场的实例分析。

　　4. 除了介绍数控加工设备外，还对现代制造技术中应用日趋广泛的工业机器人作了介绍，以扩大学生的知识面。

　　5. 近年来，由于CAD/CAM(计算机辅助设计与制造)技术的迅速发展，该技术正逐渐成为机械制造业的主导技术。本书对美国CNC软件公司的Mastercam软件的使用方法进行了介绍，使学生基本了解该软件的功能及用法，并在具备该软件的条件下基本学会该软件的使用。

　　6. 突出了特色，教材中选用的图表直观、形象，便于教学。

　　此外，教材中各章均附有复习思考题。

　　限于篇幅及编者水平，书中难免存在疏漏与错误，敬请读者予以批评指正。

编　者

目　　录

数控设备基本知识

　　随着社会生产和科学技术的不断发展，人们对产品的质量提出越来越高的要求，产品日趋精密复杂，且需频繁改型。特别是在宇航、造船、模具等行业所需的零件，精度要求高，形状复杂，批量小。为了满足上述加工要求，数控设备应运而生。

　　数控（Numerical Control，NC）设备是一种装有数字程序控制系统（数控系统）的高效自动化设备，它综合应用了电子计算机、自动控制、伺服驱动、精密测量、液压、气动及新型机械结构方面的技术成果。

　　"数控"是与机床的控制密切结合而发展起来的。因此，数控设备一般是在"数控机床"这一狭义上使用的。当然广义的数控也有用在造纸、化工、石油精炼等一类的流程工艺方面，但这是另外一种类型的数字控制，其叫法也大多采用别的名称。

1. 掌握数控机床的一些基本知识。
2. 熟悉几种基本的传动副。
3. 掌握数控编程的相关基础知识。

＊＊＊＊＊＊＊＊＊＊＊

第一节　数控机床概述

一、数控机床的组成

　　数控机床的种类繁多，但从组成一台完整的数控机床来讲，它由信息输入装置、数控装置、伺服系统、机床本体以及辅助装置组成。如图1-1所示，图中实线部分为开环系统，如果加上虚线部分的测量装置，并反馈到数控装置，就构成了闭环系统。

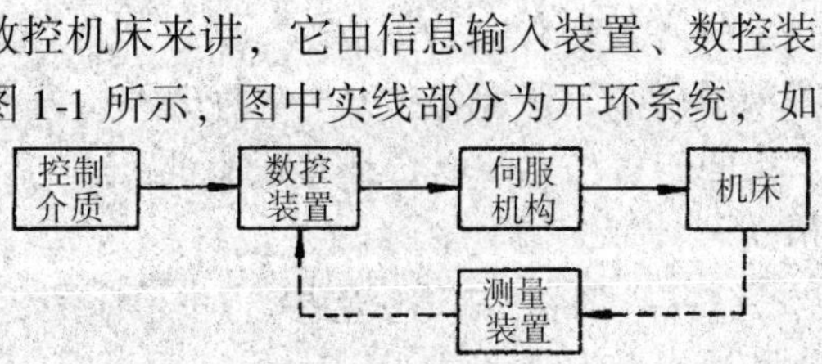

1. 信息输入装置

　　信息输入装置就是将NC程序代码读入数控装置。它可以是光电阅读机、磁带机或一个

控制介质 → 数控装置 → 伺服机构 → 机床；测量装置

图1-1　数控机床的组成

1

接口。光电阅读机将穿孔带上的代码信息或磁带阅读机将磁带上的信息读入数控装置。目前一般都采用微处理器数控装置，它有专用接口，可以直接接收外界计算机中的 NC 程序代码信息。

2. 数控装置

数控装置是数控机床的控制中心，能对 NC 代码信息进行识别、储存和插补运算，并且输出相应的指令脉冲以驱动伺服系统，进而控制机床动作。在计算机数控机床中，由于计算机本身就含有运算器、控制器等单元，因此其数控装置的作用由一台专用计算机来完成。

3. 伺服系统

伺服系统接受来自数控装置的脉冲信号并且转换为机床移动部件的运动，加工出符合图纸要求的零件。因此，伺服系统的性能是决定机床的加工精度、表面质量和生产率的主要因素之一。每个脉冲信号使机床移动部件产生的位移量叫做脉冲当量（数控机床常用的脉冲当量为 0.001mm ~ 0.01mm）。

伺服系统包括驱动装置和执行机构两大部分。目前大都采用直流伺服电机或交流伺服电机作为执行机构，这些电机均带有光电编码器等位置测量元件和测速发电机等速度测量元件。各种执行机构由相应的驱动装置驱动。步进电机驱动只在经济型或简易 NC 机床上采用。

4. 检测反馈装置

检测反馈装置是将运动部件的实际位移、速度及当前的环境（温度、摩擦力和切削力等因素的变化）参数加以检测，转变为电信号后反馈给数控装置，通过比较得出实际运动与指令运动的误差。这时发出误差指令，纠正所产生的误差。反馈装置可以有效地改善系统的动态特性，提高零件的加工精度。

5. 机床本体

机床本体是数控机床加工运动的实际执行部件，主要包括主运动部件、进给运动执行部件、工作台、拖板及其部件、床身立柱等支撑部件。对机床本体的要求是：应有足够的刚度、抗振性、热变形小和足够的精度。

除上述五个部分外，数控机床还有一些辅助装置和附属设备，如电器、液压、气压系统与冷却、排屑、润滑、照明、储运等装置以及编程机、对刀仪等。

二、数控机床的分类

数控机床的品种规格很多，可以按多种原则进行分类。归纳起来，常用以下 4 种方法进行分类。

1. 按照运动方式分类

（1）点位控制数控机床 这类机床的加工移动部件只能实现从一个位置到另一个位置的精确移动，在移动途中不进行加工。为了在精确定位基础上有尽可能高的生产率，两相关点之间的移动先是以快速移动接近定位点，然后降速 1 ~ 3 级，再慢慢靠近，以保证加工精度。

图 1-2 是点位控制示意图，主要应用于数控坐标镗床、数控钻床、数控冲床、数控测量机和数控点焊机等。

（2）点位直线控制数控机床 这类数控机床的加工移动部件不仅要实现从一个位置到

另一个位置的精确移动，且能实现平行于坐标轴的直线切削加工运动及沿坐标轴呈45°的直线切削加工，但不能沿任意斜率的直线进行切削加工。

图1-3为点位直线控制示意图，主要应用于数控车床、数控镗铣床等。

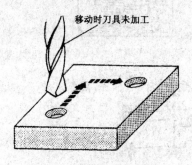 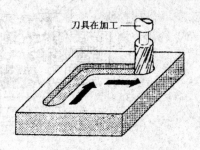

图1-2　点位控制示意图　　　　　　图1-3　点位直线控制示意图

（3）轮廓控制数控机床　这类数控机床能够同时控制2～5个坐标轴联动，加工形状复杂的零件，它不仅控制机床移动部件的起点与终点坐标，而且控制整个加工过程中每一点的速度与位移量。例如在铣床上进行曲线圆弧切削及复杂曲面切削时，就需要用这种控制方式。

图1-4为轮廓控制示意图，主要应用于数控铣床、数控凸轮磨床。

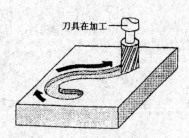

图1-4　轮廓控制示意图

2. 按工艺用途分类

（1）金属切削类数控机床　这类数控机床与传统的普通金属切削机床品种一样，有数控车、铣、镗、钻、磨床等。每一种又有很多品种，如数控铣床中还有立铣、卧铣、工具铣、龙门铣等。

切削类数控机床发展最早、种类繁多。在普通数控机床的基础上加装一个刀库（可容纳10～100多把刀具）和自动换刀装置，即为加工中心机床，零件在一次装夹后，便可进行铣、镗、钻、铰、攻螺纹等多工序加工。

（2）金属成型数控机床　这类数控机床有数控折弯机、数控组合冲床、数控弯管机和数控回转头压力机等。

（3）数控特种加工机床　这类数控机床有数控电火花加工机床、数控线切割机床、数控火焰切割机和数控激光切割机床等。

此外，在非加工中也大量采用了数控技术，如数控装配机、多坐标测量机和工业机器人等。图1-5、图1-6、图1-7是三种数控机床的外形图。

3. 按数控系统的功能水平分类

按数控系统的功能水平可以把数控系统分为高、中、低三档。这种分法没有明确的定义和确切的界限。数控系统（或数控机床）的水平高低由主要技术参数、功能指标和关键部件的功能水平来确定。

（1）低档机床　也称经济型数控机床。其特点是根据实际的使用要求，合理地简化系统，以降低产品价格。目前，我国把由单片机或单板机与步进电机组成的数控系统和功能简单、价格低的系统称为经济型数控系统。主要用于车床、线切割机床以及旧机床的数控化改造等。

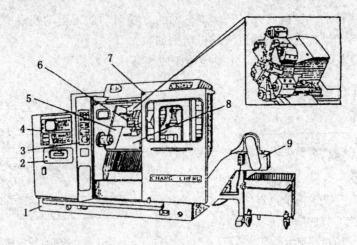

图 1-5　数控车床的外形图

1—床体；2—纸带阅读机；3—机床操作台；4—数控系统操作面板；
5—倾斜60°导轨；6—刀盘；6—防护门；8—尾座；9—排屑装置

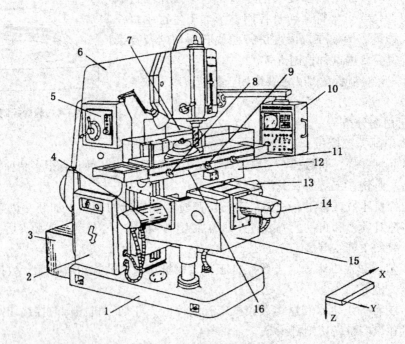

图 1-6　数控铣床的外形图

1—底座；2—强电柜；3—变压器箱；4—升降进给伺服电机；5—主轴变速手柄和按钮板；
6—床身立柱；6—数控柜；8，11—纵向行程限位保护开关；9—纵向参考点设定挡铁；10—操纵台
12—横向溜板；13—纵向进给伺服电机；14—横向进给伺服电机；15—升降台；16—纵向工作台

这类机床的技术指标通常为：脉冲当量 0.01～0.005mm，快进速度 4～10m/min，开环，步进电机驱动，用数码管或简单 CRT 显示，主 CPU 一般为 8 位或者 16 位。

（2）中档数控机床　其技术指标常为：脉冲当量 0.005～0.001mm，快进速度 15～24m/min，伺服系统为半闭环直流或交流伺服系统，有较齐全的 CRT 显示，可以显示字符和图形，人机对话，自诊断等，主 CPU 一般为 16 位或 32 位。

（3）高档数控机床　其技术指标常为：脉冲当量 0.001～0.0001mm，快进速度 15～

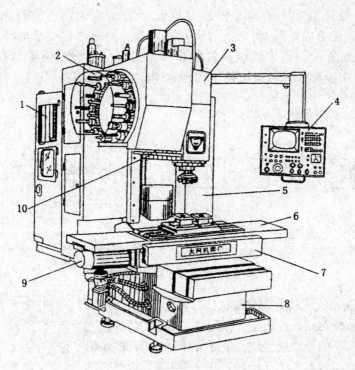

图 1-7 加工中心的外形图

1—数控柜；2—刀库；3—主轴箱；4—操纵台；5—驱动电源柜；6—纵向工作台；

6—滑座；8—床身；9—X 轴进给伺服电机；10—换刀机械手

100m/min，伺服系统为闭环的直流或交流伺服系统，CRT 显示除具备中档的功能外，还具有三维图形显示等，CPU 一般为 32 位或 64 位。

4. 按控制方式分类

（1）开环控制系统　就是不带反馈装置的控制系统。通常使用步进电机或功率步进电机作为执行机构，数控装置输出的脉冲通过环形分配器和驱动电路，不断改变供电状态，使步进电机转过相应的步距角，再经过减速齿轮带动丝杠旋转，最后转换为移动部件的直线位移。移动部件的移动速度与位移量是由输入脉冲的频率和脉冲数所决定的。图 1-8 为典型的开环控制系统框图。

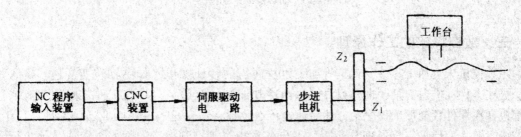

图 1-8 典型的开环控制系统框图

由于没有反馈装置，开环系统的步距误差及机械部件的传动误差不能进行校正补偿，所以控制精度较低。但开环系统结构简单、运行平稳、成本低、价格低廉、维修方便，可广泛应用于精度要求不高的经济型数控系统中。

（2）半闭环控制系统　就是在伺服电机输出端或丝杠轴端装有角位移检测装置（如感应同步器或光电编码器等），通过测量角位移，间接地检测移动部件的直线位移，然后反馈到数控装置中。由于角位移检测装置比直线位移检测装置结构简单，安装方便，因此配有精密滚珠丝杠和齿轮的半闭环系统应用比较广泛。图1-9为半闭环控制系统框图。

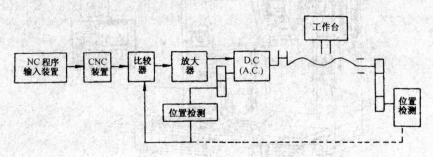

图1-9　半闭环控制系统框图

（3）闭环控制系统　就是在数控机床移动部件上直接装有直线位置检测装置，且将测量到的实际位移值反馈到数控装置中，与输入指令的位移值进行比较，用差值进行补偿，使移动部件按实际需要的位移量运动，最终实现移动部件的精确定位。

从理论上讲，闭环系统的运动精度主要取决于检测装置的精度，而与传动链的误差无关；但由于该系统受进给丝杠的拉压刚度、扭转刚度、摩擦阻尼特性和间隙等非线性因素的影响，给测试工作带来很大的困难。若各种参数匹配不适当，会引起系统振荡，造成系统工作不稳定，影响定位精度，所以闭环控制系统安装调试非常复杂，一定程度上限制了对其更广泛的应用。图1-10为闭环控制系统框图。

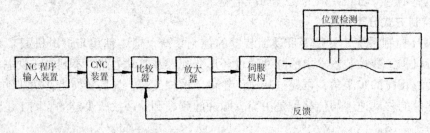

图1-10　闭环控制系统框图

三、数控机床的工作原理

在数控机床上加工零件，就是将加工过程所需的各种操作（如主轴转速变速、机床开停、松夹工件、进退刀具、选择刀具、供给冷却液等）步骤，刀具与工件之间的相对位移量都包括在零件数控加工程序中，然后通过传送装置将信息送入专用的或通用的计算机中，计算机对输入的信息进行处理与运算，发出各种指令来控制机床的伺服系统或其他执行元件，使机床自动加工出所需要的工件。

数控机床的特点

数控机床与普通机床相比较，具有以下 6 个特点。

（1）自动化程度高

数控机床对零件进行加工，是输入按图样事先编制好的加工程序，全部加工过程都由机床自动完成。操作者除了操作键盘、装卸零件、安装刀具、完成关键工序的中间测量以及观察机床的运行之外，不需要进行繁重的重复性手工操作，劳动强度下降，自动化程度高。

（2）加工精度高

数控机床由精密机械和自动化控制系统组成，所以机床有较高的加工精度，且不受零件复杂程度所限制。同时，数控机床是按所编程序自动进行加工的，消除了操作者的人为误差，提高了同批零件尺寸的一致性，使加工质量稳定。

（3）生产率高

数控机床在一次装夹中能够完成较多表面的加工，省去了画线、多次装夹、检测等工序；空行程时，采用快速进给，所以生产率高。如果采用加工中心，实现自动换刀，利用转台自动换位，使一台机床上实现多道工序加工，缩短半成品周转时间，生产率提高尤为明显。

（4）对加工对象适应性强

在数控机床上改变加工对象时，除了相应更换刀具和解决工件装夹方式外，只要重新编写输入该零件的加工程序，便可自动加工出新的零件，不必对机床作任何复杂的调整，对新产品的研制开发以及产品的改进、改型提供了方便。

（5）易于建立计算机通信网络

由于数控机床是使用数字信息，易于与计算机辅助设计和制造（CAD/CAM）系统连接，形成计算机辅助设计、辅助制造与数控机床紧密结合的一体化系统。

（6）有利于生产管理的现代化

利用数控机床加工能准确地计算零件的加工工时，并且有效地简化检验、工夹具和半成品的管理工作，易于构成柔性制造系统（FMS）和计算机集成制造系统（CIMS）。

虽然数控机床有上述优点，但也存在数控机床价格昂贵，加工成本高，技术复杂，初期投资大，维修费用高，对管理及操作人员素质要求较高等缺点。

四、数控机床的发展

20 世纪 80 年代我国先后从日本、美国等国家引进部分数控装置和伺服系统技术。我国数控机床发展很快，现已掌握了 5~6 轴联动、螺距误差补偿、图形显示和高精度伺服系统等多项关键技术。数控机床的品种已超过 500 种。

随着电子技术、计算机技术、自动控制技术、传感器与检测技术以及精密机械加工技术等的迅速发展，数控机床在技术上的发展也越来越快，呈现以下 6 个方面。

1. 智能化

在现代数控系统中，引进了自适应技术。自适应控制（Adaptive Contml，AC）技术是调节加工过程中所测得的工作状态特性，且能使切削过程达到并且维持最佳状态的技术。在加工过程中，存在如工件毛坯余量不均、材料硬度不一致、刀具磨损、工件变形、机床热变形、化学亲和力、切削液的黏度等大约 30 余种变量，它们直接影响加工效果。而自适应控制技术则能根据切削条件的变化，自动调整并保持最佳工作状态，从而达到很高的加工精度、较小的表面粗糙度，同时也能提高刀具的使用寿命和设备的生产效率。

现代数控系统智能化的发展，目前主要体现在以下 8 个方面。

- 工件自动检测、自动定心。
- 刀具磨损检测及自动更换备用刀具。
- 刀具寿命及刀具收存情况管理。
- 负载监控。
- 数据管理。
- 维修管理。
- 利用前馈控制实时补偿动量。
- 根据加工时的热变形，对滚珠丝杠等的伸缩进行实时补偿。

此外，国外正在研究根据人的语言声音进行控制的技术，由系统自己辨识图样并进行自动 CNC 加工的技术等，使系统向着具有更高人工智能的方向发展。

2. 高速化

（1）选用高速微处理器　微处理器是现代数控系统的核心部件，担负着运算、存储与控制等多重任务，其位数及运行速度直接关系到提高数控机床的加工速度。采用 32 位微处理器和多微处理机系统是提高生产率的最直接的手段。

采用高速 32 位微处理器，使得数控系统的输入、译码、计算、输出等环节都在高速下完成，且可提高数控系统的分辨率及实现连续小程序段的高速、高精度加工。

目前正在开发主 CPU 为 64 位的新型数控系统（如 FANUCFT-1、FM-1 及 PS15 等系统），增强了插补运算和快速进给的功能，可成倍地提高处理速度。

（2）提高多轴控制水平　新型数控系统都具有多轴控制功能。可以采用多刀具同时加工的多刀架控制；在柔性制造单元（FMC）上实现自动换刀装置（刀库）及自动交换工件的交换工作台的控制；对曲线、曲面及特殊型面的加工实现多轴联动控制等。

（3）配置高速、功能强大的可编程序控制器（PLC）　新型的 PLC 具有专用的 CPU，基本指令运行速度可达到 μs/步级。功能强大的内装可编程控制器能满足 CNC 系统的控制要求，可编程步数扩大到 8000 ~ 12000 步；满足直接数字控制系统（DNC）和柔性制造单元（FMC）的控制要求。

3. 多功能

（1）具有多种监控、检测及补偿功能　为了提高数控系统的效率及运行精度，对现代数控系统配置各种检测装置，如刀具磨损的检测、系统精度及热变形检测等。与之相适应，现代数控系统具备刀具长度补偿、刀尖补偿、爬行补偿、实时变形补偿等多种补偿功能。

（2）彩色 CRT 图形显示　大多数现代数控系统都采用彩色 CRT 图形显示，可以进行二维图形的轨迹显示，有的还可以实现三维彩色动态图形的显示。

（3）人机对话功能　借助 CRT，利用键盘可以实现程序的输入、编辑、修改和删除等功能，此外还具有前台操作、后台编辑的功能。同时大量采用选择操作方式，使操作更加简便。

（4）自诊断功能　现代数控系统具有硬件、软件及故障的自诊断功能，提高了可维修性及系统的使用效率。

（5）很强的通信功能　现代数控系统除了能与编程机、绘图机等外部设备通信外，还能与其他 CNC 系统通信，或与上级计算机通信，以实现柔性制造系统（FMS）进线的要求。所以除了 RS-232 串行接口外，还有 RS-422 和 DNC 等多种通信接口。

数控设备要由单机进入 FMS，进而形成计算机集成制造系统（CIMS），需要数控系统具有更高的通信功能。最新的数控系统开发了符合 ISO 开放系统互联七层网络模型的通信规约，为自动化技术发展创造了条件。

4. 多机控制系统

一机多序的数控加工中心的出现，加之网络控制技术、信息技术以及系统工艺流程学的发展，为单机数控化向计算机控制的多机控制系统自动化方向发展创造了必要的条件。

（1）计算机直接数控系统（DNC）　计算机直接数控系统是将一组数控设备与存储加工程序和设备控制程序的公共存储器相连，根据加工要求，向各设备分配数据和指令的系统，即用一台通用计算机直接控制和管理一群数控设备进行零件加工或装配的系统。

在 DNC 系统中，基本保留原来各数控设备的 CNC 系统，并与 DNC 系统的中央计算机组成计算机网络，实现分级控制管理。中央计算机并不取代各数控装置的常规工作。

DNC 系统具有计算机集中处理和分时控制的能力，具有现场自动编程和对零件程序进行修改的能力，使编程与控制相结合，而且零件程序存储容量大。DNC 系统还具有生产管理、作业调度、工况显示监控、刀具寿命管理等能力。

（2）柔性制造系统（FMS）　所谓柔性即表示有较大的适应性。FMS 系统在硬件、软件方面都能多方面地适应不同的加工对象与工艺方法。它是一种由中央计算机集中管理、控制多台生产主机和各种物料存储运输系统组成的高效自动化系统。其中生产主机主要由各类数控机床和工业机器人组成，物料存储运输系统主要包括物料控制装置、自动化仓库、中央刀具库、夹具站和无人运输台车等部分组成。图 1-11 是一种较典型的 FMS 结构框图。

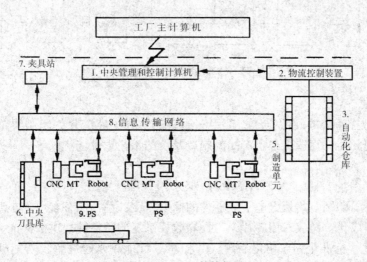

图 1-11　FMS 结构框图

（3）计算机集成制造系统 CIMS　计算机集成制造系统 CIMS（Computer Integrated Manufiteturing System）是通过计算机及其软件，将工厂生产和经营的全部活动（包括市场调研、生产决策、生产计划、生产管理、产品开发、产品设计、加工制造、质量检验及销售经营等）与整个生产过程有关的物料流与信息流实现计算机系统的管理，如图 1-12 所示。

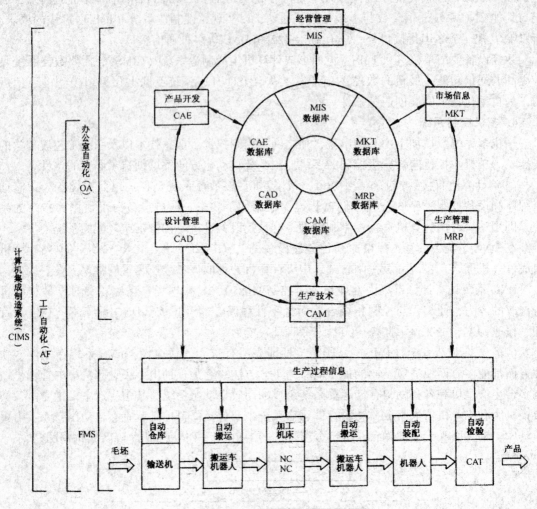

图 1-12　CIMS 组成示意图

5. 高可靠性

（1）提高数控系统的硬件质量　选用高质量的集成电路芯片、印制线路板和其他元器件，建立并实现元器件筛选、稳定产品的制造及装配工艺、性能测试等一系列完整的质量保证体系。

最新的数控系统，如日本 FANUC16 系统采用三维插装技术，与平面高密插装技术相比，进一步提高了印刷电路板上电子元器件的插装密度，使控制装置更加小型化，同时将典型的硬件进行集成化，做成专用芯片，为提高数控系统的可靠性提供了保证。

（2）模块化、标准化和通用化　现代数控系统性能越来越完善，功能越来越丰富，促使系统的硬件、软件结构实现了模块化、标准化和通用化。三化的实现，不仅便于组织开发、生产和应用，而且也提高了制作、运行的可靠性，并且便于用户的维修和保养。

选择不同的功能标准化模块，便可组织不同的数控系统，方便地移植计算机行业或其他自动化领域的先进成果，促使数控技术向深度和广度发展。

6. 高精度化

（1）采用高精度的脉冲当量 从提高控制精度入手，提高定位精度和重复定位精度。

（2）采用交流数字伺服系统 采用交流数字伺服系统，可使伺服电机的位置、速度及电流环路等参数都实现数字化，也就实现了几乎不受负载变化影响的高速响应的伺服系统，从而提高了加工精度。

（3）前馈控制 过去的伺服系统是将指令位置和实际位置的偏差乘以位置环增益作为速度指令，去控制电动机的速度。这种方式总是存在着位置跟踪滞后误差，使得在加工拐角或圆弧时加工情况恶化。所谓前馈控制，就是在原来的控制系统上加上速度指令的控制，这样使跟踪滞后误差大大减少。

（4）机床静止摩擦的非线性控制 对于具有较大静止摩擦的数控设备，过去没有采取有效的控制，使圆弧切削的圆度不好。新型数字伺服系统具有补偿机床驱动系统静摩擦的非线性控制功能，可以改善切削的圆度。

第二节 几种基本的传动副

一、齿轮传动副

齿轮传动副的原理和特点在机械原理和机械零件课程中已经讲过，本书不再叙述。数控机床的电动机转速较高，而机械系统驱动的工作台的移动速度有时不能太高，变换范围也不能太大，故往往采用齿轮装置将电动机输出轴的高转速低转矩换成为负载轴所要求的低转速高转矩。数控机床要求传动装置有高的传动精度、高的稳定性和响应速度。而在齿轮传动中，由于齿侧间隙的存在，造成进给运动反向时产生反向死区，不能准确执行系统指令，影响机床加工精度。

1. 斜齿圆柱齿轮传动中间隙的消除

（1）轴向压簧调整法 图1-13中两个薄片齿轮1和2是用键滑套在轴5上，调整螺母4可调整弹簧3对齿轮2的轴向压力。但这种结构轴向尺寸较大，结构不紧凑。它多用于小负载，并要求自动补偿齿隙的传动。

（2）轴向垫片调整法 图1-14中宽齿轮同时与两个相同的薄片齿轮啮合，薄片齿轮用平键和轴连接，互相不能相对转动。加工时两齿轮拼装在一起加工，同时在两齿轮之间加入垫片，并保持键槽确定的装配位置。装配时，将垫片厚度减少或增加 Δt，然后再拧紧螺母，使两齿轮的螺旋线产生错位。齿轮分别与宽齿轮的左右侧面紧贴并消除啮合侧隙。垫片的厚度增减量 Δt 与齿侧隙 δ 的关系为：

$$t = \delta \tan\beta$$

式中，β——斜齿轮螺旋角；

δ——齿侧间隙。

2. 直齿圆柱齿轮传动中间隙的消除

（1）双片薄齿轮错齿调整法 一对相啮合的圆柱齿轮中，一个齿轮是较宽的宽齿轮，而另一个齿轮是由两个相同齿数和模数的两个薄片齿轮套装在一起组合而成的。在齿轮啮合时，使其中一个薄片齿轮的轮齿左侧（或右侧）工作面和另一个薄片齿轮轮齿右侧（或左侧）工作面，分别与宽齿轮的一个齿沟槽的两侧齿面工作面同时紧密接触，从而达到消除齿轮啮合齿侧间隙的目的。

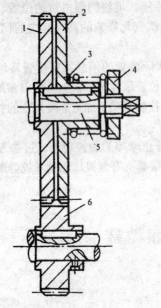

图1-13　轴向压簧调整法

1，2—圆锥齿轮；3—压缩弹簧；4—螺母；5—轴

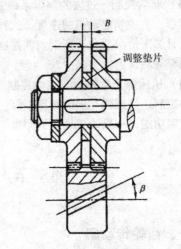

图1-14　轴向垫片调整法

1，2—薄片齿轮；3—轴向压簧；4—调节螺母
5—轴；6—宽齿轮

图1-15为周向拉簧式调整法。图中两薄片齿轮1和2各开有圆弧槽，槽中弹簧3两端分别装在齿轮1和2的凸耳4上，在拉簧3的作用下，使两个薄片齿轮错位，从而消除齿轮啮合侧隙。这种方式下弹簧拉力不能调节。

图1-16为可调拉簧式调整法。在齿轮2上装有凸耳7，齿轮1上开有凸耳7的运动空间，拉簧8的一端钩在凸耳7上的调节螺钉5上，另一端钩在装于齿轮1上的凸耳4上，在拉簧的作用下，两齿轮1和2发生错位，从而消除齿轮啮合侧隙。此种方式与图1-15不同的是，弹簧拉力的大小可由螺母6和调节螺钉5来调整。

（2）偏心套调整法　如图1-17所示；电动机通过偏心套与箱体连接，转动偏心套就能调整两啮合齿轮的中心距，从而消除齿侧间隙。此法调整简单，但只能补偿齿厚误差与中心距误差引起的齿隙，不能补偿偏心误差引起的齿隙，而且齿轮磨损后不能自动消除间隙。

（3）采用变齿厚圆柱齿轮传动　如图1-18所示，变齿厚齿轮在轴向厚度稍微变化，通过垫片3进行轴向相对位置调整可以消除齿隙。

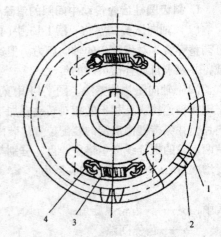

图1-15　圆柱薄片齿轮周向拉簧错齿调整法

1，2—圆柱薄片齿轮；3—弹簧；4—凸耳

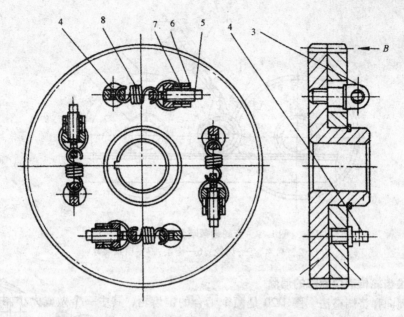

图1-16　圆柱薄片齿轮可调拉簧错齿调整法
1，2—齿轮；3—拉簧；4，7—凸耳；5—螺钉；6—螺母；8—拉簧

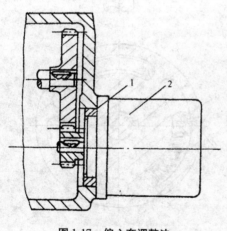

图1-17　偏心套调整法
1—偏心套；2—电动机

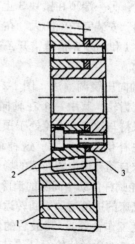

图1-18　变齿厚齿轮
1，2—齿轮；3—垫片

3. 齿轮齿条传动中间隙的消除

　　如果工作台行程很长（如龙门铣床），通常采用齿轮齿条来实现进给驱动。当机床额定工作载荷较小时，可采用类似于圆柱齿轮传动中的双薄片齿轮错齿法来消除啮合侧隙；当机床额定载荷较大时，则采用图1-19所示的结构来消除啮合侧隙。

　　齿轮4和齿轮5分别与齿条6相啮合，且用预紧装置7在齿轮1上预加载荷，通过齿轮1使其左、右相啮合的齿轮2和3向外伸张，则齿轮4和5也同时向外伸张，使两个齿轮不同侧齿面与齿条6上的不同侧齿面啮合接触，从而消除齿侧间隙。

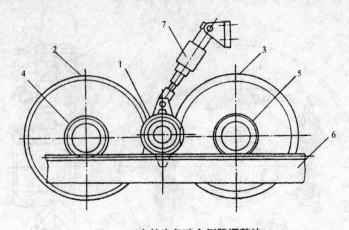

图 1-19　齿轮齿条啮合侧隙调整法

1，2，3，4，5—齿轮；6—齿条；7—顶紧装置

4. 圆锥齿轮传动中间隙的消除

（1）周向弹簧调整法　图 1-20 是两个啮合的锥齿轮，其中一个做成大小两片 1 和 2，在大片上开有周向圆弧槽，在小片 2 上制有凸爪 6，凸爪 6 伸入大片的圆弧槽中，弹簧 4 一端顶在凸爪 6 上，另一端顶在镶块 3 上。止动螺钉 5 在安装时用，安装完毕就卸去。在弹簧力的作用下，使大片 1 和小片 2 稍稍错开，达到消除啮合间隙的目的。

（2）轴向压簧调整法　图 1-21 是相互啮合的一对圆锥齿轮，其中一个在轴向压簧作用下，轴向始终保持与被啮合齿轮处于顶紧状态，所以能够消除并补偿齿侧间隙。这种结构用于小负载、并要求自动补偿齿侧间隙的场合。

5. 蜗轮蜗杆传动中间隙的消除

数控机床的进给运动是回转运动时（如数控滚齿机分度工作台等），其最后的传动执行件大多数采用大降速比的蜗轮蜗杆传动。消除蜗轮蜗杆传动间隙常用如下两种方法。

（1）双蜗杆传动　用两个蜗杆同时传动一个蜗轮，其中一个蜗杆相对另一个蜗杆转动或产生轴向移动，以实现啮合间隙的调整。但制造成本高，传动效率低，且调整不当时易啃坏齿面。

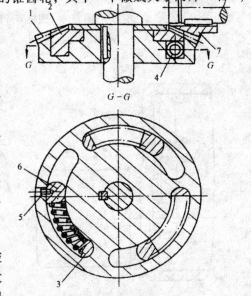

图 1-20　周向弹簧调整法

1，2—锥齿轮（大、小片）；3—镶块；4—弹簧
5—止动螺钉；6—凸爪；6—小锥齿轮

双蜗杆传动中的蜗杆布置：蜗杆可以平行布置也可以垂直布置。图 1-22 为平行布置的双蜗杆传动原理图。调整时，可以通过调位联轴器 5，单独转动蜗杆 3，调整和消除传动间隙；也可通过配置磨垫片，使蜗杆 3 轴向移动，消除传动间隙。这种结构通常用于大型数控回转工作台。

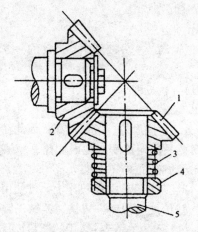

图1-21　轴向压簧调整法

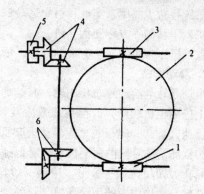

图1-22　双蜗杆传动

1，3—蜗杆；2—蜗轮；4—锥齿轮；
5—调位连轴器；6—锥齿轮

（2）采用双导程蜗杆传动　图1-23为双导程蜗杆轴向剖面齿形图。它的特点是蜗杆右、左齿面轴向节距不等。

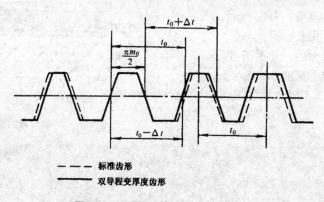

——— 标准齿形

———— 双导程变厚度齿形

图1-23　双导程蜗杆轴向剖面齿形图

$$t_d = t_0 + \Delta t$$
$$t_x = t_0 - \Delta t$$

式中　t_d——右侧齿面节距；

t_x——左侧齿面节距；

t_0——公称轴向节距，等于左、右侧节距的平均值；

Δt——左、右侧节距与公称节距的差值。

双导程蜗杆的各齿厚中点的节距是不变的，都等于公称节距t_0，而螺牙从一端到另一端是逐渐变厚的，与它啮合的蜗轮的所有齿厚均相等。因此蜗杆沿轴向移动时改变了它们之间的啮合间隙，消除传动间隙。该结构简单、紧凑、调整方便。机床回转工作台、分度工作台、机床读数机构等多数采用此双导程蜗杆传动。

二、导轨副

机床导轨主要用来支承和引导运动部件沿一定轨道运动。在导轨副中，运动的一方称运动导轨，不动的一方称支承导轨。

数控机床常用的导轨有滚动导轨、滑动导轨和静压导轨三种。

1. 滑动导轨

滑动导轨与滚动导轨相比较，其结构简单，制造方便，刚度好，抗振性高，因此在数控机床上应用也比较广，但存在静摩擦系数大，且动摩擦系数随速度变化而变化，摩擦磨损大，低速（1~60mm/min）时易呈现爬行现象而降低运动部件的定位精度。

为提高滑动导轨的耐磨性和改善低速爬行的摩擦特性，在现代数控机床上，常使用塑料滑动导轨。即用铸铁—塑料、镶钢—塑料滑动导轨代替传统的铸铁—铸铁、铸铁—镶钢导轨。塑料导轨副中短的为动导轨，长的支承导轨是铸铁或钢质。对于导轨用的塑料，目前常用的有以下两种。

（1）聚四氟乙烯导轨软带 聚四氟乙烯导轨软带是以聚四氟乙烯为基体，加入青铜粉、二硫化钼和石墨等充填剂混合烧结，并且做成软带状。然后将导轨黏贴面做半精加工至 Ra（3.2~1.6）mm，用汽油或丙酮清洗后，用胶黏剂把软带与金属黏合、加压使之固化后，开油槽进行精加工即可。因此习惯上又常称之为"贴塑导轨"。图1-24 为导轨软带的黏结图。

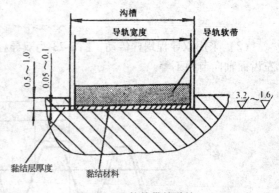

图1-24 导轨软带的黏结

导轨软带具有的5个特点

● 摩擦特性好 动、静摩擦系数基本不变，能防止低速爬行，运动平稳、灵敏，定位精度高。

● 磨性好 由于软带材料中含有青铜、二硫化钼和石墨，本身具有自润滑作用，磨损小。此外，塑料质地软，即使渗入杂质，也不致损伤金属导轨面和软带本身，可延长导轨副使用寿命。

● 减振性好 塑料的阻尼性能好，能吸收振动传力，提高精度。

● 工艺性好 塑料易于加工（铣、刨、磨、刮、研），且导热性差。导轨副接触面精度高，黏贴工艺简单。

● 刚度好 导轨接触面积大，刚度好。因此，它广泛应用于中、小型进给速度为15m/min 以下的数控机床的导轨中。

（2）环氧型耐磨涂层 它是以环氧树脂和二硫化钼为基体，加入增塑剂混合而成的液状或膏状物。由于这类涂层导轨采用涂刮或注入膏状塑料的方法形成，习惯上称之为"涂塑导轨"或"注塑导轨"。与聚四氟乙烯导轨软带比，其抗压强度要高，固化时体积不收缩，尺寸稳定。特别是在调整好支承导轨和运动导轨间的相关位置精度后注入涂料，可以节省许多加工工时。适用于重型机床和不能用导轨软带的复杂配合型面，有时也可用于机床导轨的维修。西欧国家生产的数控机床较多采用这类涂层导轨。

制作时，将导轨涂层面加工成很浅的锯齿状，以利于涂层塑料黏附。与塑料导轨相配的金属导轨面（或模具）用溶剂清洗后涂上一薄层硅油或专用脱模剂，以防止与耐磨导轨涂层的黏结。将按配方加固化剂调好的耐磨涂层材料涂于导轨面，然后叠合在金属导轨面上进行固化，硬化后进行精加工，即成涂塑导轨，见图 1-25 所示。

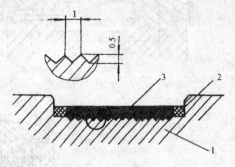

图 1-25　涂塑导轨
1—滑座；2—胶条；3—注塑层

2. 滚动导轨

在相配的两导轨面之间放置滚珠、滚针、滚柱等滚动体，使导轨面间的摩擦成为滚动摩擦，这种导轨称滚动导轨。这在数控机床上应用广泛。

（1）滚动导轨的特点

● 摩擦系数小。滚动导轨的摩擦系数小（0.0025～0.005），运动轻便灵活，运动的驱动力和功率小。

● 运动平稳，定位准确。滚动导轨的动、静摩擦系数很接近，低速运动平稳，无爬行现象，位移精度和定位精度高。

● 磨损小，寿命高。滚动体和导轨硬度高，耐磨性好，磨损小，因而精度保持性好，寿命较高。

● 润滑简单。滚动导轨采用脂润滑，可以简化润滑系统。

滚动导轨的缺点是抗振性差、结构复杂、制造困难、成本较高，且对脏物比较敏感，防护要求高。主要用于高精度数控机床和坐标镗床等。

（2）滚动导轨的结构形式

● 滚针导轨：图 1-26（a）为滚针导轨结构。其特点是尺寸小，长径比较大，结构紧凑，一般用于导轨尺寸受限制的机床上。

● 滚珠导轨：图 1-26（b）、（c）为滚珠导轨结构。特点是导轨接触面小，刚度低，承载能力小。一般适用于运动部件质量不大、切削力不大的机床，如数控磨床、仪器导轨等。

● 滚柱导轨：图 1-27 为滚柱导轨结构。其特点是导轨的刚度及承载能力都比滚珠导轨大，不易引起振动。目前，数控机床应用较多。

图 1-27（a）结构简单、制造方便，但对安装偏斜反应敏感，支承的轴线与导轨的平行度偏差不大时，也会引起偏斜和侧向滑动。

图 1-27（b）、（c）导轨尺寸紧凑，调节方便，但制造装配麻烦，适用于需要承受偏移力矩的机床上。

3. 静压导轨

静压导轨是在两相对运动的导轨面间开设油腔，通入压力油，使运动部件稍微浮起。工作过程中导轨滑动面上的油腔中的油压能随着外加载荷的变化自动调节，保证了导轨面间始终处于纯液体摩擦状态。

（1）静压导轨的特点

● 摩擦系数小，约为 0.0005，故驱动力和功率大大降低，运动灵敏，不产生低速爬行，

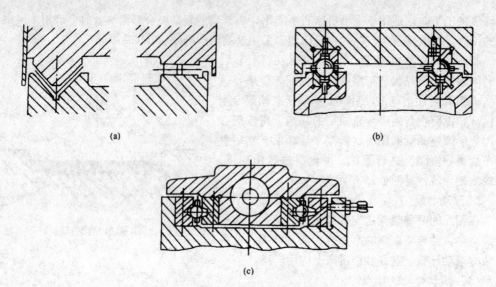

图 1-26　滚动导轨的结构形式

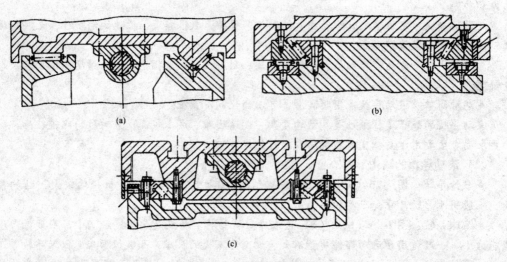

图 1-27　滚柱导轨结构

位移精度、定位精度高。

●两导轨正常工作时不接触，导轨不会磨损，寿命长，精度保持性好。

●油膜具有误差均化作用，提高导向精度。

●油膜承载能力大，刚度高，吸振性良好。

缺点是结构比较复杂，增加了一套液压设备；对油液纯净度要求高，要求有良好过滤装置；工作调整比较麻烦。

目前液体静压导轨主要在大型、重型数控机床上应用较多，中小型数控机床也有应用。

(2) 分类

●开式静压导轨：图 1-28 为其工作原理图。液压泵的压力油 p_0 经节流器压力降为 p_1，进入导轨的各个油腔内，将动导轨浮起，使动、静导轨之间以一层厚度为 h_0 的油膜隔开。

当动导轨受到外载荷 W 工作时，使动导轨微量下移，导轨间隙由 h_0 降为 h（$h < h_0$），使油腔回油阻力增大，变为 p_0（$p_0 > p_1$），以平衡负载，使导轨仍在纯液体摩擦下工作。

●闭式静压导轨：图1-29为其工作原理图。闭式静压导轨各方向导轨面上都开有油腔，具有承受各方面载荷和颠覆力距的能力，设油腔各处的压强分别为 p_1，p_2，p_3，p_4，p_5，p_6，当受颠覆力矩 M 时，p_1，p_6 处间隙变小，则压力增大，而 p_3，p_4 处间隙变大，压力变小，形成一个与颠覆力距成反向的力矩，从而使导轨保持平衡。

三、滚珠丝杠副

在数控机床上，将回转运动转换成直线运动一般都采用滚珠丝杠螺母机构。

1. 滚珠丝杠螺母副的工作原理及特点

滚珠丝杠螺母副是在丝杠和螺母上都加工有圆弧形螺旋槽，并放入适当的滚珠，当丝杠相对于螺母旋转时，滚珠沿滚道滚动，由于滚道的导向迫使丝杠相对于螺母产生轴向移动。为防止滚珠沿轨道滚出，在螺母1和螺旋槽两端设有滚珠的返回装置，使滚珠从螺旋滚道一端a滚出后，沿滚道回路管道b又重新回到滚道的起始端c，使滚珠循环滚动，如图1-30所示。

滚珠丝杠副具有如下7个特点。

（1）传动灵敏　滚珠丝杠螺母副的动摩擦因数相差极小，故无论是在静止、低速还是高速，其摩擦阻力几乎不变。因而传动灵敏，随动性高。

（2）使用寿命长　使用寿命主要取决于材料表层的疲劳程度。滚珠丝杠螺母副本身制造精度高，且其循环运动比滚动轴承低，磨损小，因此使用寿命长。

（3）制造工艺复杂　滚珠丝杠和螺母的螺旋槽需要加工成弧形，且要保证较高的精度和表面粗糙度，所以螺旋滚道必须磨削，制造工艺复杂，成本高。

（4）传动效率高，摩擦阻力小　滚珠丝杠螺母副的传动效率 $\eta =$（$0.92 \sim 0.96$），比常规滑动丝杠螺母副（效率为 $0.2 \sim 0.4$）提高了 $3 \sim 4$ 倍，使用它可以降低伺服电机的驱动功率。

（5）运动具有可逆性　由于摩擦阻力小，既可以将旋转运动转化为直线运动，也可以把直线运动转化为旋转运动。

（6）不能自锁　滚珠丝杠螺母副因摩擦阻力小，运动具有可逆性，因而不能自锁，在安装使用中必须注意。必要时应增加制动机构，避免系统惯性力或垂直安装时的自重等对运动的影响。

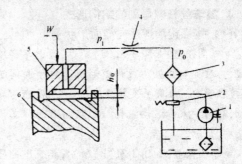

图1-28 开式静压导轨工作原理
1—液压泵；2—溢流阀；3—过滤器；4—节流器
5—运动导轨；6—床身导轨

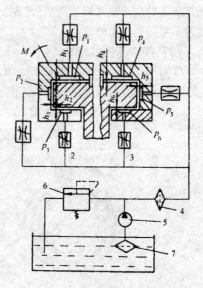

图1-29 闭式静压导轨工作原理
1，2—导轨；3—节流器；4，6—过滤器
5—液压泵；6—溢流阀 8—油箱

(7)反向定位精度高　预紧后可以消除轴向间隙,反向无空程死区。因此,具有较高的轴向刚度和反向定位精度。

2. 滚珠丝杠螺母副的结构形式

(1) 按螺旋滚道法向截面形状分

● 双圆弧型:如图1-31(a)所示,滚道半径略大于滚珠半径,为对称双圆弧。该种截形轨道对径向间隙大小不敏感,接触稳定。在圆弧交接处有一小空隙,可容纳润滑油和脏物,有利于滚珠滚动流畅。但双圆弧面加工比单圆弧面复杂些。

● 单圆弧型:如图1-31(b)所示,其滚道的圆弧半径比滚珠半径稍大,常取1.04～1.11倍,使滚珠与滚道槽之间为点接触,减少摩擦力。为保证接触角 $\alpha=45°$,必须严格控制径向间隙。这种截面滚道形状简单,用成型砂轮磨削可得到较高的精度。

(2) 按滚珠的循环方式分

①外循环滚珠丝杠螺母副。如图1-32所示,滚珠在返回过程中经外滚道完成循环运动。又可细分为螺旋槽式和插管式。

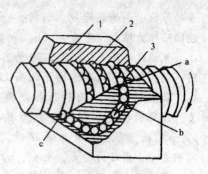

图1-30　滚珠丝杠螺母副
1—螺母;2—滚珠;3—丝杠

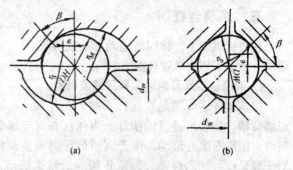

图1-31　螺旋滚道法向截面形状

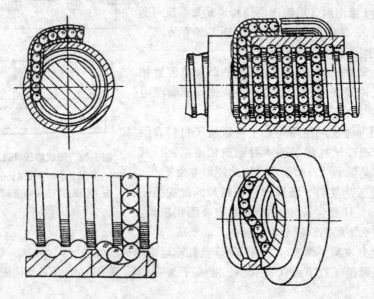

图1-32　滚珠的循环方式

● 图1-33(a)为插管式外循环滚珠丝杠螺母副。它是将外接弯管的两端插入与螺母螺旋滚道相切的通孔中,形成滚珠循环通道,孔口设有挡珠器,引导滚珠出入通道。这种螺母副结构简单、制造方便,承载能力强,可用于重载传动以及需要精密定位的场合;但弯管突出于螺母外部，外形尺寸较大。

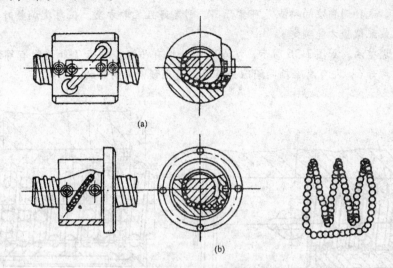

图1-33　外循环滚珠丝杆螺母副

● 图1-33（b）为螺旋槽式。它是在螺母外圆柱面上铣出螺旋槽，槽两端有通孔与螺旋轨道相切，形成滚珠返回通道。这种结构简单、紧凑，但螺母上的回珠螺旋槽与两端回珠通孔的曲率半径小，滚珠的流畅性不够好，不适用于中等载荷和高精度场合。

②内循环滚珠丝杠副。图1-34在螺母上开有侧孔，孔内镶有返向器，将相邻两螺旋滚道连接起来，滚珠从螺旋滚道进入反向器，越过螺牙顶进入相邻螺旋滚道，实现循环。通常在螺母内装有2~4个反向器，称为2-4列结构。反向器沿螺母圆周等分交错布置。内循环系列只有一圈滚珠，内循环方式螺母的外径尺寸和滑动螺旋副大致相同，滚珠返回通道短，有利于减少滚珠数目，减少摩擦损失，传动效率高。但返向器的回引槽加工要求高，且不利于多头螺旋传动，不适用于重载传动。

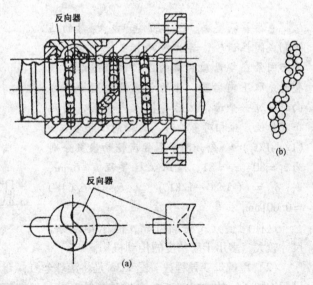

图1-34　内循环滚珠丝杆螺母副

3. 滚珠丝杠螺母副轴向间隙调整方法

滚珠丝杠螺母副的轴向间隙由滚珠与滚道面间原有间隙和负载时滚珠与滚道型面的弹性变形量两部分组成。除了消除原有的间隙外，还要控制弹性变形量，常用以下两类方法。

（1）双螺母丝杠消除间隙法　它是目前常用的方法，即对双螺母施加预紧力。注意预紧力不宜过大，否则会使空载力矩增大，降低传动效率，增加传动副磨损，缩短使用寿命。

● 垫片调整法。图1-35通过调整垫片2的厚度使螺母产生相对位移，从而消除间隙并产生预应力。这种调整法的特点是可靠性高、刚度好且装卸方便，但每次调整时，垫片的厚度须经多次装配试验才能确定。

● 螺纹调整法。如图1-36所示，螺母1的外端有凸缘，螺母7外端制有螺纹，调整时只要旋动圆螺母6，即可消除轴向间隙并可达到产生预紧力的目的。

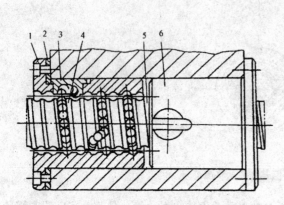

图1-35 垫片调整法
1，6—螺母；2—调整垫片；3—反向器
4—钢球；5—螺杆

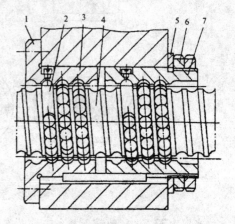

图1-36 螺纹调整法
1，7—螺母；2—返向器；3—钢球；
4—螺杆；5—垫圈；6—圆镙母

● 齿差调整法。图1-37将两个螺母的凸缘制成圆柱齿轮，其齿数只相差一个齿，分别与固紧在螺母座两端的内齿圈相啮合。调整时先取下内齿圈，让两个螺母向同一个方向都转过一个齿，然后再插入内齿圈，则两个螺母便产生相对角位移，其轴向位移量 $\delta = (1/z_1 - 1/z_2) t$。例如两个圆柱齿轮的齿数分别为 $z_1 = 80$，$z_2 = 81$，滚珠丝杠导程 $t = 6mm$，则 $\delta = (1/80 - 1/81) \times 6 = 6/6480 = 0.001mm$。

这种调整方式精确可靠，但结构复杂，尺寸较大，多用于高精度的传动机构。

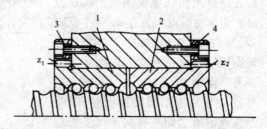

图1-37 齿差调整法
1，2—单螺母；3，4—内齿轮

（2）单螺母变导程法 图1-38是将滚珠丝杠螺母副螺母体内的两列循环滚珠链之间的导程增加 ΔL_0 的轴向突变，使两列螺母滚道与丝杠滚道在轴向发生错位，从而使滚珠被预紧在滚道内。此法结构简单，不使用双螺母，无须附加预紧装置，尺寸紧凑；但预紧力须预先设定，使用中不能随时调整，通常应用在中等载荷中。

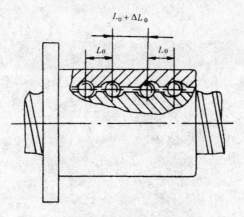

图 1-38　单螺母变导程法

第三节　数控编程基础

数控加工程序编制就是将零件的工艺过程、工艺参数、刀具位移量、位移方向及其他辅助动作（如换刀、冷却、工件的装卸等）按动作顺序、规定的指令代码及程序格式编成加工程序，称为数控编程。

一、数控编程分类

在实际生产中，根据编程的各个阶段的大量工作主要是由人工还是由计算机完成，可以分为手工编程和自动编程（Automatic Programming）两大类。

1. 自动编程

对于一些复杂零件，特别是具有空间曲线、曲面的零件，如叶片、凸轮、复杂模具等，或者零件几何形状虽不复杂但程序量很大的零件，就必须采用计算机辅助编程、即自动编程。

计算机辅助编程的特点是应用计算机代替人的劳动。编程人员除了完成工艺处理阶段全部或部分工作外，不再参与计算、数据处理、编制零件加工程序号和制作纸带等工作，因此可以大大减轻编程人员的劳动量，减少产生错误的机会，加快编程速度，提高加工精度。目前计算机辅助编程主要根据编程信息的输入和计算机对信息的处理方式的不同，分为语言输入式和图形交互式两类。

2. 手工编程

在编程的全部过程中，包括制订工艺和刀具运动轨迹的计算，编写程序，制备控制介质（穿孔带、磁带、磁盘等）以及程序的校验、修改等，全部或主要由人工初步完成，称做手工编程。

手工编程也称为人工编程。其特点是处处离不开人的工作。对于几何形状不太复杂、坐标计算比较简单、加工程序不长的工件，用手工编程就显得经济而及时；对于大型复杂零件，数据多，穿孔时间长，工作量大，且容易出错。因此，手工编程广泛地应用于简单的由直线与圆弧组成的轮廓加工中。

数控编程常用规则

随着数控技术的发展，数控设备成为各工业部门自动化加工的重要装备，数控技术成为未来自动化工厂的基础技术。在数控设备的研究开发、生产和使用中，在厂家与用户之间，在管理者与操作者之间，在国内外技术与设备交流中，都要求有统一的技术标准。

国际标准化组织（ISO）在数控技术方面制定了一系列国际标准。我国也根据具体情况，制定了与国际标准等效的国家标准，于1982年开始实施。这些标准是数控编程的基本准则。

在数控编程中，常用的数控标准有以下几项：

- 数控纸带的规格；
- 数控机床坐标轴和运动方向；
- 数控编程的编码字符；
- 数控编程的程序段格式；
- 数控编程的功能代码。

二、程序格式

1. 程序结构

加工程序通常由程序开始、程序内容和程序结束等三部分组成。

程序开头为程序号，用作加工程序的开始标识。程序号通常由字符"%"及其后的四位数字来表示。

程序结束可用辅助功能M02（程序结束）、M30（程序结束，返回起点）等来表示。

程序的主要内容由若干个程序段（Block）组成，而程序段是由一个或若干个信息字（Word）组成，每个信息字又是由地址符和数据符字母组成。在程序中能作为指令的最小单位是信息字，仅用地址符或仅用数据符是不能作为指令的。

2. 程序段格式

程序段格式就是指一个程序段中的字、字符按一定顺序特定排列的方式。

我国关于程序段格式的标准为JB 3832—85。

目前使用最多的程序段格式是字地址程序段格式。这种格式表示的程序每个字之前有地址码用以识别地址。采用这种程序段格式虽然增加了地址读入电路，但编程直观灵活，便于检查，可缩短穿孔带，故应用广泛。

下面为一个典型的字地址程序段格式：

N001　G01　X60.0　Z-20.0　F150　S200　T0101　M03　LF

其中，N001——表示第一个程序段；

　　　G01——表示直线插补；

　　　X60.0、Z-20.0——分别表示 X，Z 坐标方向的移动量；

　　　F，S，T——分别表示进给速度、主轴转速、刀具号；

　　　M03——表示主轴按顺时针方向旋转；

　　　LF——表示程序段结束。

三、数控设备的坐标系和运动方向

为使编程简单方便，统一规定数控机床坐标轴名称及其运动方向，以保证程序的通用性，使编程者、操作者及维修者不易搞错。国际标准化组织规定统一使用标准的坐标系（ISO 841），我国机械工业部 1982 年也颁布了《数控机床坐标系和运动方向命令》数控标准（JB 3051 – 82），它与 ISO 841 标准等效。

1. 机床坐标系的确定

机床的直线运动 X，Y 和 Z 三个坐标采用右手笛卡儿直角坐标系，如图 1-39 所示。坐标轴定义顺序是先确定 Z 轴，而后确定 X 轴，最后确定 Y 轴。

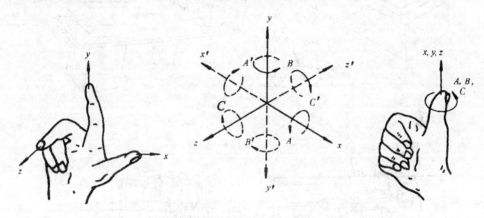

图 1-39　笛卡儿右手直角坐标系

2. 运动方向的确定

为了编程的方便和统一，总是假定工件是静止的，而刀具是移动的。

图 1-40 所示为几种数控机床的标准坐标系，其坐标和运动方向的确定方法如下。

（1）Z 坐标轴　标准规定数控机床的主轴与机床坐标系的 Z 轴重合或平行，Z 坐标的正方向规定为增大刀具与工件的距离的方向。如在钻镗加工中，钻入或镗入工件的方向是 Z 的负方向。

（2）X 坐标轴　X 坐标运动是水平的，平行于工件装夹面。

对于工件作旋转运动的机床（如车床、磨床等）取平行于横向滑座的方向（工件径向）为刀具运动的 X 坐标轴。同样，以刀具远离工件的方向为 X 轴的正方向。

对于刀具作旋转运动的机床（如铣床、镗床、钻床等），若 Z 轴为水平时（主轴是卧式的），沿刀具主轴后端向工件方向看，右方为 X 轴的正方向；若 Z 轴为垂直时（主轴是立式的），面对刀具主轴向立柱方向看，右方向为 X 轴的正方向。

（3）Y 坐标轴　垂直于 X 和 Z 坐标轴，根据 X 和 Z 的运动，按照右手笛卡儿坐标系来确定。

3. 机床的旋转运动 A，B 和 C

三个旋转轴坐标分别平行于 X，Y，Z 坐标轴，按右手螺纹前进的方向取为正向。

4. 附加坐标轴

如果坐标系不只一组时，一般靠近主轴的坐标系称为第一坐标系 X，Y，Z，稍远一些的，平行于它们坐标运动的附加坐标称为第二坐标系。例如图 1-40（e）镗杆运动为 Z 轴，

立柱运动就为 W 轴，而镗头径向刀架运动平行于 X 轴，故为 U 轴。此外还有第三坐标系 P，Q，R。

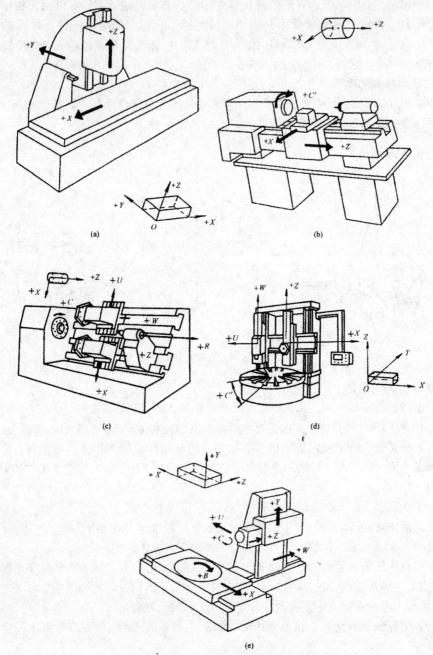

图1-40　数控机床的坐标系
（a）数控铣床的坐标系；（b）数控车床的坐标系
（c）具有可编程尾架座的双刀架车床的坐标系；（d）立式镗铣床的坐标系
（e）数控镗铣床的坐标系

四、数控纸带的规格及编码字符

加工程序的输入方式可以是手动输入方式（键盘输入），也可以采用穿孔带输入方式。由于穿孔带具有机械的固定代码孔，不易受环境影响（如电磁干扰等），便于长期保存和重复使用，且程序的储存量大，所以许多数控机床仍然采用。

国内外广泛采用八单位穿孔纸带，纸带的规格按标准化制定，见图1-41。穿孔带的标准有两种：一是国际标准化组织制定的ISO代码；二是美国电子工业协会制定的EIA代码。

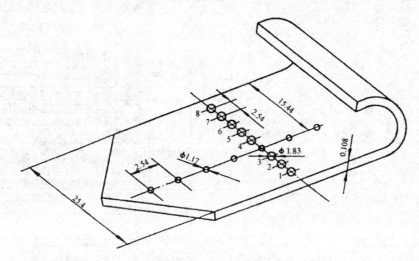

图1-41 八单位穿孔纸带

纸带每行有9个孔，其中小孔称为"中导孔"或"同步孔"，用于安排大孔的定位基准并传递同步信号。其余8个孔称为"信号孔"，用来表示数字、字母或符号信息。有孔表示二进制的"1"，无孔表示二进制的"0"。

ISO代码与EIA代码虽然所表示的符号相同，但编码孔各异。这两种编码有以下不同。

（1）ISO标准编码（见表1-1），代码由7位二进制数及1位偶校验位组成，其第8位用来补偶。而EIA标准编码（见表1-2），每个代码由6位二进制数及1位奇校验位组成，每个代码孔的个数必须为奇数，第5位孔为补奇孔。如某个代码的孔数为偶数时，就在第5位上穿孔，使孔的总数为奇数。

（2）ISO代码为7位二进制编码，代码信息量为 $2^7 = 128$，而EIA为6位二进制编码，代码信息量为 $2^6 = 64$。因而ISO的信息量比EIA代码大一倍。

（3）ISO代码的编码规律性强，容易识别，数字码在第五、六列有孔，地址码A~O在第七列有孔，而P~Z在第五列和第七列均有孔，符号码在第六列有孔，这些规律为输入程序和给数控装置译码带来方便。

（4）ISO代码与ASCII码相同，与计算机使用的编码一致，便于学习掌握。因此，ISO代码使用广泛。我国根据ISO编码制订了JB 3050-82《数控机床用七单位编码字符集》，与ISO840标准等效。由于EIA代码制订较早，所以我国20世纪70年代设计使用的数控系统大都还采用EIA编码。

表 1-1　数控机床用 ISO 编码表

8	7	6	5	4	孔	3	2	1	代码符号	定　义
		○	○		•				0	数字 0
○		○	○		•			○	1	数字 1
○		○	○		•		○		2	数字 2
		○	○		•		○	○	3	数字 3
○		○	○		•	○			4	数字 4
		○	○		•	○		○	5	数字 5
		○	○		•	○	○		6	数字 6
○		○	○		•	○	○	○	7	数字 7
○		○	○	○	•				8	数字 8
		○	○	○	•			○	9	数字 9
	○				•			○	A	绕着 X 坐标的角度
	○				•		○		B	绕着 Y 坐标的角度
○	○				•		○	○	C	绕着 Z 坐标的角度
	○				•	○			D	特殊坐标的角度尺寸，或第三进给速度功能
○	○				•	○		○	E	特殊坐标的角度尺寸，或第二进给速度功能
○	○				•	○	○		F	进给速度功能
	○				•	○	○	○	G	准备功能
	○			○	•				H	永不指定（可作特殊用途）
○	○			○	•			○	I	沿 X 坐标圆弧起点对圆心值
○	○			○	•		○		J	沿 Y 坐标圆弧起点对圆心值
	○			○	•		○	○	K	沿 Z 坐标圆弧起点对圆心值
○	○			○	•	○			L	永不指定
	○			○	•	○		○	M	辅助功能
	○			○	•	○	○		N	序号
○	○			○	•	○	○	○	O	不用
	○		○		•				P	平行于 X 坐标的第三坐标
○	○		○		•			○	Q	平行于 Y 坐标的第三坐标
○	○		○		•		○		R	平行于 Z 坐标的第三坐标
	○		○		•		○	○	S	主轴速度功能
○	○		○		•	○			T	刀具功能
	○		○		•	○		○	U	平行于 X 坐标的第二坐标
	○		○		•	○	○		V	平行于 Y 坐标的第二坐标
○	○		○		•	○	○	○	W	平行于 Z 坐标的第二坐标
○	○		○	○	•				X	X 坐标方向的主运动
	○		○	○	•			○	Y	Y 坐标方向的主运动
	○		○	○	•		○		Z	Z 坐标方向的主运动
		○		○	•	○	○		.	小数点 *
		○		○	•		○	○	+	加／正
		○		○	•	○		○	—	减／负
○		○		○	•		○		*	星号／乘号
○		○		○	•	○	○	○	/	路过任选程序段（省略／除）
○		○		○	•	○			,	逗号 *
○		○	○	○	•	○		○	=	等号 *
		○		○	•				(	左圆括号／控制暂停
○		○		○	•			○	)	右圆括号／控制恢复
		○			•	○			$	单元符号 *
		○	○	○	•		○		:	对准功能／选择（或计划）倒带停止
				○	•		○		Mlo LF	程序段结束，新行或换行
○		○			•	○		○	%	程序开始
				○	•			○	HT	制表（或分隔符号）
○				○	•	○		○	CR	滑座返回（仅对打印机适用）
○	○	○	○	○	•	○	○	○	DEL	注销
○		○			•				SP	空格
○				○	•				BS	反绕（退格）
					•				NUL	空白纸带
○			○	○	•			○	EM	载体终了

注：* 表示补充的，不常用。

表 1-2　数控机床用 EIA 编码表

8	7	6	5	4	•	3	2	1	代码符号	定　义
		○			•				0	数字 0
					•			○	1	数字 1
					•		○		2	数字 2
			○		•		○	○	3	数字 3
					•	○			4	数字 4
			○		•	○		○	5	数字 5
			○		•	○	○		6	数字 6
					•	○	○	○	7	数字 7
				○	•				8	数字 8
			○	○	•			○	9	数字 9
	○	○			•			○	A	绕着 X 轴的转角
	○	○			•		○		B	绕着 Y 轴的转角
	○	○	○		•		○	○	C	绕着 Z 轴的转角
	○	○			•	○			D	第三进给速度机能
	○	○	○		•	○		○	E	第二进给速度机能
	○	○	○		•	○	○		F	进给速度机能
	○	○			•	○	○	○	G	准备机能
	○	○		○	•				H	输入(或引入)
	○	○	○	○	•			○	I	不用
	○		○		•			○	J	没有被指定
	○		○		•		○		K	没有被指定
	○				•		○	○	L	不用
	○		○		•	○			M	辅助机能
	○				•	○		○	N	序号
	○				•	○	○		O	不用
	○		○		•	○	○	○	P	平行于 X 轴的第三坐标
	○		○	○	•				Q	平行于 Y 轴的第三坐标
	○			○	•			○	R	平行于 Z 轴的第三坐标
		○	○		•		○		S	主轴速度机能
		○			•		○	○	T	刀具机能
		○	○		•	○			U	平行于 X 轴的第二坐标
		○			•	○		○	V	平行于 Y 轴的第二坐标
		○			•	○	○		W	平行于 Z 轴的第二坐标
		○	○		•	○	○	○	X	X 轴方向的主运动坐标
		○	○	○	•				Y	Y 轴方向的主运动坐标
		○		○	•			○	Z	Z 轴方向的主运动坐标
	○	○		○	•	○	○		.	小数点(句号)
	○	○		○	•	○	○	○	+	加
	○	○			•				−	减
	○	○		○	•	○		○	*	乘
		○	○	○	•				/	省略/除
		○	○	○	•		○	○	,	逗号
		○	○		•	○	○	○	=	等号
	○	○	○	○	•		○		(	括号开
	○	○		○	•		○	○	)	括号闭
	○	○	○	○	•			○	$	单元符号
		○	○		•		○	○	:	选择(或计划)倒带停止
			○	○	•		○	○	STOP(ER)	纸带倒带停止
			○	○	•			○	TAB	制表(或分隔符号)
○					•				CR	程序段结束
	○	○	○	○	•	○	○	○	DELETE	注销
		○			•				SPACE	空格

第四节　数控编程的内容与步骤

一、数控编程工艺基础

在数控机床上加工零件，编程前首先遇到的是工艺编制问题。在普通机床上加工零件过程中，机床加工的切削用量、走刀路线、工序内的工艺安排等，大都由操作工人自行决定。而数控机床是按照程序进行加工的，因此加工中的所有工序、工步，每道工序的切削用量、走刀路线、加工余量和所用的刀具尺寸、类型等都要预先确定好并编入程序中。为此，要求编程员首先对数控机床的性能、特点和应用、切削规范以及标准刀具系统等非常熟悉。一个合格的编程员，首先应该是个好的工艺员。

1. 数控工艺编制

编程是否方便，往往是衡量零件数控工艺性好坏的一个指标。在实际生产中，零件图上的尺寸标注方法对工艺性影响较大。如图1-42，零件的外形、内腔在工件允许的条件下采用统一的几何类型和尺寸，这样可以减少换刀次数。

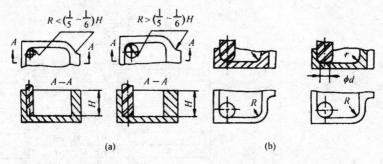

(a)　　　　　　　　　　(b)

图1-42　数控工艺优劣对比

2. 确定工件装夹方式

在数控机床上安装工件与普通机床上一样，应根据六点定位原则来选择定位基准。同时，在数控机床上加工零件，由于工序集中，往往是在一次装夹中完成全部工序。因此，对零件的定位、夹紧方式需要注意以下5个方面。

● 零件的装夹、定位需要考虑重复安装的一致性，以减少对刀时间，提高同一批零件加工的一致性。

● 装卸工件要求快速方便，以缩短机床的停机时间，提高生产率。若有条件时，采用高效快速的气、液动夹紧机构，采用多工位多件夹具。

● 尽量采用组合夹具、通用夹具，以缩短生产准备周期。当工件批量大、精度要求较高时，可以设计专用夹具。

● 工件的加工部位应敞开，夹紧机构上各部件不得妨碍走刀、测量等。

● 夹紧力应力求通过靠近主要的支承点上或在支承点所组成的三角形内，力求靠近切削部位，并在刚性较好的地方，以减少零件的变形。

近年来，出现了在数控机床（如数控铣床、立式加工中心机床等）工作台上安装一块平板（见图1-43（a）），与工作台一样大，可并排装夹多个中小工件；有的在卧式加工中心机床分度工作台上安装一块立方基础板（见图1-41（b）），当一面在加工位置进行加工的同时，另三个面可装卸工件。

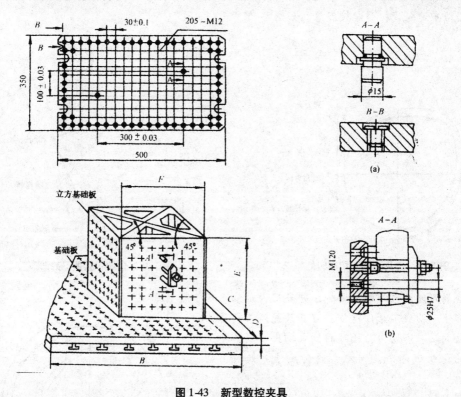

图 1-43 新型数控夹具

3. 确定加工路线

加工路线是指在加工过程中，刀具运动的轨迹和方向，也称走刀路线。它关系到零件的加工精度和表面粗糙度。加工路线的确定应考虑以下4点。

●尽量减少进、退刀时间和其他辅助时间，在点位控制的数控机床上应使走刀路线尽量短，如图1-44所示。

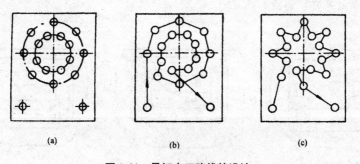

图 1-44 最短走刀路线的设计

●应使被加工零件获得良好的加工精度和表面粗糙度，精加工时采用多次走刀以及顺铣，减少机床的"振颤"。

● 选择合理的进、退刀位置。尽量避免沿零件轮廓法向切入。如图 1-45 所示的平面凸轮零件，铣刀的切入和切出点应沿零件周边的外延，也就是沿零件周边的切线方向切出和切入，以保证零件轮廓光滑。反之，沿法向直接切入，会在切入处留下明显的刀痕。应尽量避免在进给中途停顿，引起接刀痕，如图 1-46 所示。

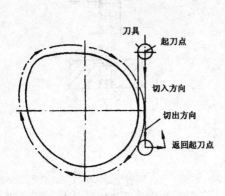

图1-45　刀具切入和切出时的外延

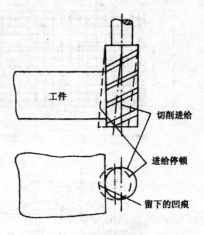

图1-46　进给停顿留下的凹痕

铣削封闭的内轮廓表面时，可采用内延法。如果内部轮廓曲线不允许延伸，刀具只能沿着轮廓曲线的法向切入和切出，此时的切入切出点应尽量选在内轮廓曲线两个几何元素的交点处，如图 1-47 所示。

图 1-48 为加工内槽的三种走刀路线，图 1-48 (a) 和 (b) 分别是用行切法和环切法加工内槽，两种走刀的共同点是都能切除内腔中全部面积，不留死角，不伤轮廓，同时尽量减少重复走刀的搭接量。但行切法将在每两次走刀的起点与终点间留下残留高度，而先用行切法，最后环切一刀以光整轮廓表面，这样做效果好，如图 1-48 (c) 所示。

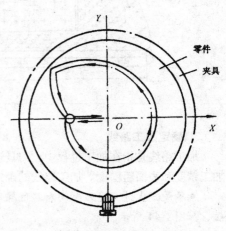

图1-47　内轮廓加工刀具的切入和切出

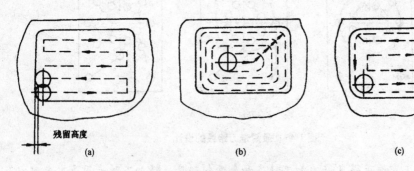

图1-48　铣切内槽的三种走刀路线

● 车螺纹走刀的前后要留有切出距离 δ_1 和切入距离 δ_2，如图1-49所示。这样可以避免在进给机构的加速和减速阶段进行切削，保证主轴转速和螺距之间的速比关系。一般取 δ_1 = （2~5）mm，精度要求高时取大值，反之取小值；δ_2 = （1/3~1/5）δ_1。

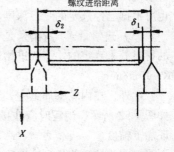

图1-49　螺纹切削的进给距离

4. 选择切削刀具

数控机床正在向着高速度、大进给、高刚性方向发展，正确选择刀具很重要。它不仅影响加工效率，而且直接影响工件的加工精度。

选择刀具时，通常主要考虑如下几点：

● 被加工材料及热处理；

● 数控加工工序的类型；

● 安装调整方便、刚性好、精度高、尺寸稳定，耐用度好。

粗加工内轮廓时，铣刀最大直径 D 可按下式计算，如图1-50所示。

$$D = \frac{2\left(\Delta \cdot \sin\frac{\phi}{2} - \Delta_1\right)}{1 - \sin\frac{\phi}{2}} + D_1$$

式中，D_1——轮廓之最小凹圆角直径；

　　　Δ——圆角邻边夹角等分线上的精加工余量；

　　　Δ_1——精加工余量；

　　　ϕ——圆角二邻边的最小夹角。

近几年，在数控加工中开始应用一种叫做波纹立铣刀的刀具。这种立铣刀的主要特点是：在相同进给量条件下，其切削厚度比普通立铣刀要大些，同时能将窄而长的薄切屑变成厚而短的碎切屑，使排屑流畅，如图1-51所示。

图1-50　粗加工铣刀直径估算法

图1-51　波纹立铣刀

5. 切削用量选择

切削用量包括切削速度、切削深度、进给量，常称为切削用量三要素。对切削力、切削功率、刀具磨损、加工精度和加工成本均有显著影响。

（1）切削深度　主要根据被加工零件的精度要求和工艺系统的刚度来决定。如果零件精度要求不高（$Ra10 \sim 80\mu m$）时，在工艺系统刚度允许的情况下，尽量选用大的吃刀深度，提高加工效率。在中等功率机床上，切削深度可达 $8 \sim 10mm$。半精加工（$Ra1.25 \sim 10\mu m$）时，吃刀深度可取 $0.5 \sim 2mm$；精加工（$Ra0.32 \sim 1.25\mu m$）时，吃刀量可取为 $0.1 \sim 0.4mm$。

（2）切削速度 V　指主运动的线速度，单位为 m/min。

$$V = \pi Dn/1000。$$

式中，D——工件或刀具直径（mm）；

　　　n——主轴转速（r/min）。

切削速度的高低取决于被加工零件的精度、材料及刀具的材料和刀具的耐用度等因素。

一般允许的切削速度为 $V = 100 \sim 200 m/min$。但对于材质较软的铅镁合金等可提高一倍左右；也可根据已经选定的吃刀深度、进给量来选择切削速度，或代入公式计算。

（3）进给量 F 进给量是根据被加工零件的加工精度和表面粗糙度、刀具和被加工零件的材料等来确定的。一般进给速度 F 在 $20 \sim 50 mm/min$ 范围内选取，快速行程最大速度可达 $8 \sim 15 m/min$。

此外，在内轮廓加工中，当零件内部有拐角时刀具容易产生"过切"而导致加工误差，如图1-52所示。编程时应在接近拐角前适当降低进给速度，过拐角后再逐渐增加速度来保证加工精度。

在一些较完善的自动编程系统中，有超程检验功能。一旦检测出"过切"误差超过允许值时，便能自动设置适当的"减速"或"暂停"程序段加以控制。

在轮廓加工中，当刀具运动方向改变时，由于工艺系统在切削力作用下，还有可能使刀具产生滞后，在拐角处产生"欠程"现象，导致产生"欠程误差"。因此，在一些自动编程系统的后置处理程序中，也设有"欠程"的校验功能来控制"欠程误差"，以保证加工精度。

许多数控机床面板上设有进给速率修调旋钮，如图1-53所示。当因毛坯尺寸厚度不均时，操作者可利用它实时修改纸带上进给速度指令值，来减少误差。

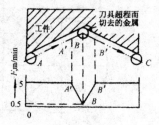

图1-52 超程误差

图1-53 进给速率修调旋钮

程序编制方法与内容

在程序编制时，首先根据被加工零件的复杂程度、数值计算的难度与工作量大小、现有设备（计算机、数控语言系统等）以及时间和费用等进行全面考虑，权衡利弊，确定采用手工编程还是自动编程（零件图纸到制成数控介质的全部过程见图1-54）。

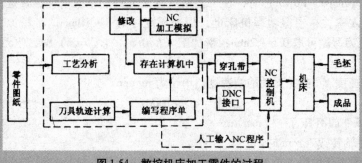

图1-54 数控机床加工零件的过程

手工编程的内容与步骤

(1)零件工艺性分析 首先根据零件图纸,分析零件形状、尺寸、精度要求、毛坯形式、材料选择和热处理要求等,确定该零件是否适宜在数控机床上加工。

(2)工艺过程拟定 根据零件结构形状、技术要求等确定定位夹紧方案、切削加工路线、刀具选择、切削用量选择等。

(3)数学处理阶段 根据零件图纸和确定的工艺路线计算出走刀轨迹和每个程序段所需的数据,求出相邻几何元素的交点或切点坐标;对于自由曲线、曲面等复杂的数学计算,必须使用计算机辅助设计。

(4)编写数控程序单 将有关的数控编程指令及几何元素指令以及相应的坐标值,按走刀路线的顺序进行分段和排列,并将功能指令填写到相应的程序段中。

(5)制作控制介质与介质上的信息的读取 制作控制介质就是将程序单上的内容用标准代码记录到控制介质上,例如通过计算机将程序单上的代码记录在磁盘上,也可以通过接口电路直接送入数控装置。简单的数控程序可以直接通过键盘输入数字控制器。

(6)程序校核 数控程序必须经过校核试切加工合格后,才能进入正式加工,校核的方法主要有:

● 应用计算机模拟软件将加工过程中的刀具轨迹一步步显示在屏幕上。如果程序出错,通过显示找出程序逻辑出错处,并加以修正。

● 在绘图机上绘制切削加工轨迹。

● 首件试加工。

第五节　数控系统的基本功能代码

下面介绍 ISO 标准中常用功能指令。

一、准备功能（G 代码）

准备功能也称 G 功能（或称 G 代码），它由地址符 G 和其后两位数字（00～99）组成。用于指定定位方式、插补方式、平面选择,指定加工螺纹、攻丝、各种固定循环及刀具补偿等功能。表1-3 为准备功能 G 指令。

表1-3　准备功能 G 指令

代码	功能保持到被取消或被同样字母表示的程序指令所代替	功能仅在所出现的程序段内有作用	功能	代码	功能保持到被取消或被同样字母表示的程序指令所代替	功能仅在所出现的程序段内有作用	功能
G00	A		点定位	G35	A		螺纹切削,等螺距
G01	A		直线插补	G36～G39	#	#	永不指定

代码	功能保持到被取消或被同样字母表示的程序指令所代替	功能仅在所出现的程序段内有作用	功能	代码	功能保持到被取消或被同样字母表示的程序指令所代替	功能仅在所出现的程序段内有作用	功能
G02	A		顺时针方向圆弧插补	G40	D		刀具补偿/刀具偏置注销
G03	A		逆时针方向圆弧插补	G41	D		刀具补偿－左
G04		*	暂停	G42	D		刀具补偿－右
G05	#	#	不指定	G43	# (d)	#	刀具偏置－正
G06	A		抛物线插补	G44	# (d)	#	刀具偏置－负
G07	#	#	不指定	G45	# (d)	#	刀具偏置＋/＋
G08		*	加速	G46	# (d)	#	刀具偏置＋/－
G09		*	减速	G47	# (d)	#	刀具偏置－/－
G10～G16	#	#	不指定	G48	# (d)	#	刀具偏置－/＋
G17	C		XY 平面选择	G49	# (d)	#	刀具偏置0/＋
G18	C		XZ 平面选择	G50	# (d)	#	刀具偏置0/－
G19	C		YZ 平面选择	G51	# (d)	#	刀具偏置＋/0
G20～G32	#	#	不指定	G52	# (d)	#	刀具偏置－/0
G33	A		螺纹切削, 等螺距	G53	f		直线偏移, 注销
G34	A		螺纹切削, 等螺距	G54	f		直线偏移 X
G55	f		直线偏移 Y	G70～G79	# (d)	#	不指定
G56	f		直线偏移 Z	G80	e		固定循环注销
G57	f		直线偏移 ZY	G81～G89	e		固定循环
G58	f		直线偏移 XZ	G90	j		绝对尺寸
G59	f		直线偏移 YZ	G91	j		增量尺寸
050	f		准确定位 1（精）	G92		*	预置寄存
G61	h		准确定位 2（中）	G93	k		时间倒数进给率
G62	h		快速定位（粗）	G94	k		每分钟进给
G63	h	*	攻螺纹	G95	k		主轴每转进给
G64～G67		#	不指定	G96	i		恒线速度
G68	#	#	刀具偏置, 内角	G97	i		每分钟转数（主轴）
059	# (d)	#	刀具偏置, 外角	G98～G99	#	#	不指定

二、辅助功能 M

辅助功能也称 M 功能, 由地址符和其后两位数字组成, 用于指定主轴转向、启停、系统切削液的开与关, 工件或刀具的夹紧与松开, 程序停止或纸带结束等。表 1-4 为辅助功能 M 指令。

表1-4 辅助功能 M 指令

代码	功能开始时间		功能保持到被注销或被适当程序指令代替	功能仅在所出现的程序段内有作用	功能
	与程序段指令运动同时开始	在程序段指令运动完成后开始			
M00			*	*	程序停止
M01			*	*	计划停止
M02			*	*	程序结束
M03	*		*		主轴顺时针方向
M04	*		*		主轴逆时针方向
M05			*	*	主轴停止
M06	#	#		*	换刀
M07	*		*		2 号切削液开
M08	*		*		1 号切削液开
M09			*	*	切削液关
M10	#	#			夹紧
M11	#	#		*	松开
M12	#	#	#	#	不指定
M13	*		*		主轴顺时针方向，切削液开
M14	*		*		主轴逆时针方向，切削液开
M15	*			*	正运动
M16	*			*	负运动
M17 ~ M18	#	#	#	#	不指定
M19			*	*	主轴定向停止
M20 ~ M29	#	#	#	#	永不指定
M30			*	*	纸带结束
M31	#	#		*	互锁旁路
M32 ~ M35	#	#	#	#	不指定
M36	*		*		进给范围1
M37	*		*		进给范围2
M38	*		*		主轴速度范围1
M39	*		*		主轴速度范围2
M40 ~ M45	#	#	#	#	如有需要作为齿轮换挡，此外不指

代码	功能开始时间		功能保持到被注销或被适当程序指令代替	功能仅在所出现的程序段内有作用	功能
	与程序段指令运动同时开始	在程序段指令运动完成后开始			
M46～M47	#	#	#	#	不指定
M48	*	*			注销 M49
M49	*		*		进给率修正旁路
M50	*		*		3 号切削液开
M51	*		*		4 号切削液开
M52～M54	#	#	#	#	不指定
M55	*		*		工件直线位移，位置1
M56	*		*		工件直线位移。位置2
M57～M59	#	#	#	#	不指定
M60			*	*	更换工件
M61	*		*		工件直线位移，位置1
M62	*		*		工件直线位移，位置2
M63～M70	#	#	#	#	不指定
M71	*		*		工件角度位移。位置1
M72	*		*		工件角度位移，位置2
M73～M89	#	#	#	#	不指定
M90—M99	#	#	#	#	永不指定

注：1. #号表示如果选做特殊用途，必须在程序说明中说明。

2. M90～M99 可指定为特殊用途。

三、主轴功能 S

主轴功能也称主轴转速功能（即 S 功能），它由地址符 S 和其后的数字组成，用于指定主轴的转速，单位是 r/min。它与进给功能字 F 一样，其数据采用直接指定法也可采用三位、二位、一位数字代码法。数字的意义、分挡办法及对照表与进给功能字通用，只是单位改为 r/min。

四、刀具功能（T 机能）

刀具功能也称 T 机能，它是用于指定刀具号和刀具补偿值。地址符 T 后面跟两位数字，代表刀具的编号。

五、进给功能 F

进给功能也称 F 机能，它由地址符 F 和其后的数字组成，用于指定刀具相对于工件运动的速度，其单位一般为 mm/min。但在车螺纹、攻丝或套扣等加工中，由于进给速度与主轴转速有关，可用 F 直接指定导程。F 后的数据，具体有以下两种指定方法。

1. 直接指定法

直接写上要求的进给速度，如 F1000 表示进给量为 1000mm/min。

2. 代码指定法

（1）三位数代码法　F 后跟 3 位数字，第一位为进给速度的整数位数加上"3"，后两位是进给速度的前两位有效数字。如 1728mm/min 的进给速度用 F717 指定，0.1357mm/min 的进给速度用 F313 指定等。

（2）二位数代码法　F 后跟的两位数字代码，规定了与 00~99 相对应的速度表，F00~F99 的进给速度对照关系表见表 1-5。表中可看出，从 F01 到 F98 相邻后一速度比前一速度增加约 11.2%。

表 1-5　二位数代码法的进给速度对照表

代码	速度	代码	速度	代码	速度	代码	速度	代码	速度
00	停	20	10.0	40	100	60	1000	80	10000
01	1.12	21	11.2	41	112	61	1120	81	11200
02	1.25	22	12.5	42	125	62	1250	82	12500
03	1.40	23	14.0	43	140	63	1400	83	14000
04	1.60	24	16.0	44	160	64	1600	84	16000
05	1.80	25	18.0	45	180	65	1800	85	18000
06	2.00	26	20.0	46	200	66	2000	86	20000
07	2.24	27	22.4	47	224	67	2240	87	22400
08	2.50	28	25.0	48	250	68	2500	88	25000
09	2.80	29	28.0	49	280	69	2800	89	28000
10	3.15	30	31.5	50	315	70	3150	90	31500
11	3.55	31	35.0	51	355	71	3550	91	35500
12	4.00	32	40.0	52	400	72	4000	92	40000
13	4.50	33	45.0	53	450	73	4500	93	45000
14	5.00	34	50.0	54	500	74	5000	94	50000
15	5.60	35	56.0	55	560	75	5600	95	56000
16	6.30	36	63.0	56	630	76	6300	96	63000
17	7.10	37	71.0	57	710	77	7100	97	71000
18	8.00	38	80.0	58	800	78	8000	98	80000
19	9.00	39	90.0	59	900	79	9000	99	高速

（3）一位数代码法　对于速度较少的数控机床，可用 F 后跟一位数，即 0～9 指定对应的十种预定进给速度。

每章一练

1. 数控设备的特点有哪些？
2. 开环控制系统、半闭环控制系统与闭环控制系统有何特点？应用在哪些场合？
3. 进给传动系统减速齿轮副间隙的调整方法有哪几种？各有何特点？
4. 数控机床导轨主要有哪几种类型？各有何特点？
5. 简述数控机床程序编制的内容与步骤。
6. 怎样选择切削用量？
7. 常用辅助功能 M 有哪些？

数控车床及其程序编制

本章主要介绍了数控车床及其程序编制，阐述了数控车床的编程基础，以及一些基本的编程方法，最后列举了典型的编程实例以巩固本章内容。

1. 掌握数控车床基础知识。
2. 熟悉车床编程的工作准备和基本编程方法。

＊　＊　＊　＊　＊　＊　＊　＊　＊　＊

第一节　数控车床基础知识

数控车床是目前使用最广泛的数控机床之一，主要用于加工轴类、盘类等回转体零件。数控车床能够通过程序控制自动完成内外圆柱面、锥面、圆弧、螺纹等工序的切削加工，并能进行切槽、钻、扩、铰等工作。由于数控车床在一次装夹中能完成多个表面的连续加工，因此提高了加工质量和生产效率，特别适用于形状复杂的回转类零件的加工。

一、数控车床的组成

全功能型数控车床一般由以下几个部分组成：

（1）主机　主机是数控车床的机械部件，包括床身、主轴箱、刀架层座、进给机构等。

（2）数控装置　主机是数控车床的控制核心，其主体是有数控系统运行的一台计算机（包括 CPU、存储器、CRT 等）。

（3）伺服驱动系统　它是数控车床切削工作的动力部分，主要实现主运动和进给运动，由伺服驱动电路和伺服驱动装置组成。伺服驱动装置主要有主轴电动机和进给伺服驱动装置（步进电机或交、直流伺服电动机等）。

（4）辅助装置　辅助装置是指数控车床的一些配套部件，包括液压、气压装置、冷却系统、润滑系统和排屑装置等。

二、数控车床的分类

随着数控车床制造技术的不断发展，形成了产品繁多、规格不一的局面，因而也出现几种不同的分类方法。

1. 按数控系统的功能分类

（1）经济型数控车床　经济型数控车床一般采用步进电机驱动形成开环伺服系统，其控制部分采用单板机或单片机来实现。此类车床结构简单，价格低廉，无刀尖圆弧半径自动补偿和恒线速切削等功能。

（2）全功能型数控车床　此类车床一般采用闭环或半闭环控制系统，具有高刚度、高精度和高效率等特点。

（3）车削中心　此类车床是以全功能型数控车床为主体，并配置刀库、换刀装置、分度装置、铣削动力头和机械手等，实现多工序复合加工的机床。在工件一次装夹后，它可完成回转类零件的车、铣、钻、铰、攻螺纹等多种加工工序，其功能全面，但价格较高。

（4）FMC车床　它实际上是一个由数控车床、机器人等构成的柔性加工单元。它能实现工件搬运、装卸的自动化和加工调整准备的自动化。

2. 按主轴的配置形式分类

（1）卧式数控车床　此类车床的主轴轴线处于水平位置。它又可分为水平导轨卧式数控车床和倾斜导轨卧式数控车床，其倾斜导轨结构可以使车床具有更大的刚性，并易于排屑。

（2）立式数控车床　此类车床的主轴轴线处于垂直位置，并有一个直径很大的圆形工作台，供装夹工件用。这类机床主要用于加工径向尺寸较大、轴向尺寸较小的大型复杂零件。

具有两根主轴的车床称为双轴卧式数控车床或双轴立式数控车床。

3. 按加工零件的基本类型分类

（1）卡盘式数控车床　这类车床未设置尾座，适于车削盘类零件。其夹紧方式多为电动或液压控制，卡盘结构多数具有卡爪。

（2）顶尖式数控车床　这类车床设置有普通尾座或数控尾座，适合车削较长的轴类零件及直径不太大的盘、套类零件。

4. 其他分类

按数控系统的不同控制方式等指标，数控车床可分为直线控制数控车床、轮廓控制数控车床等；按特殊或专门的工艺性能可分为螺纹数控车床、活塞数控车床、曲轴数控车床等；按刀架数量可分为单刀架数控车床和双刀架数控车床。另外，也有把车削中心列为数控车床一类的。

三、数控车床的主要技术参数

CJK603数控车床（图2-1）的主要技术参数如下。

（1）机床的主要参数　机床的主要参数如表2-1所示。

表2-1　机床的主要参数

项　目	参　数			
	CJK6032 - 1	CJK6032 - 2	CJK6032 - 3	CJK6032 - 4
床身上最大工件回转直径	320mm			
床鞍上最大工件回转直径	160mm			

项 目		参 数			
		CJK6032 - 1	CJK6032 - 2	CJK6032 - 3	CJK6032 - 4
最大工件长度		750mm			
主轴转速范围		70 ~ 2000 r/min（8 级）	35 ~ 2180 r/min（无级）	70 ~ 2000 r/min（8 级）	35 ~ 2180 r/min（无级）
主轴内孔直径		38mm			
主轴孔锥度		莫氏 NO.5			
主轴电机功率		1.5KW（2HP）	2.2KW（变频）	1.5KW（2HP）	2.2KW（变频）
刀架刀位数		4			
刀杆尺寸（宽×高）		18mm × 18mm			
步进电机扭矩	横向 X	5N·m（五相混合式）			
	纵向 Z	10N·m（五相混合式）			
刀架快移速度		3000mm/min			
行程	横向 X	170mm			
	纵向 Z	750mm			
步进电机最小设定单位		0.01mm			
定位精度		0.04mm/300min			
重复定位精度		0.02mm			
尾架顶尖孔锥度		莫氏 N.3			
顶尖套最大移动距离		100mm			
切削螺纹		公制和英制			
机床外廓尺寸（$L×W×H$）		1500mm × 800mm × 1340mm			
机床重量		400kg			
电压		380VAC 三相			
数控系统		操作盒及 PC 控制		世纪星	

（2）数控系统的技术规格 CJK603 数控车床采用 HCNC - 1T 系统，其控制软件系统的环境界面如图 2-2 所示。

屏幕顶行为状态行，用于显示工作方式及运行状态等，工作方式按主菜单变化，运动状

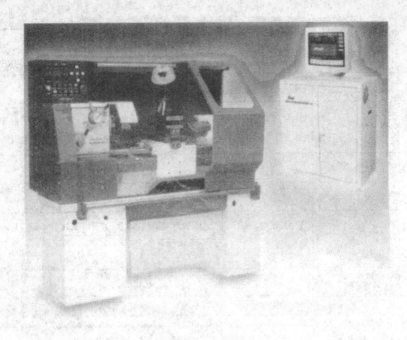

图 2-1 CJK603 数控车床

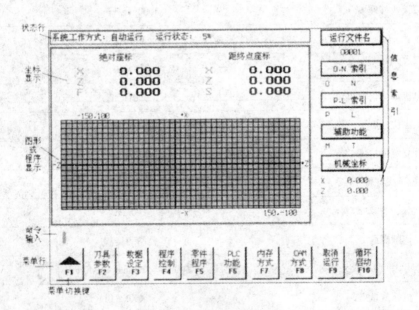

图 2-2 控制软件的环境界面

态在不同的工作方式下有不同的显示。

屏幕中间为工件加工的坐标显示和图形跟踪显示或加工程序内容显示。

屏幕下部为提示输入行和菜单区（多级菜单变化都在同一行中进行）。

屏幕右部为信息检索显示区："O.N 索引"显示自动运行中的 O 代码（主程序号）和 N 代码（程序段号），"P.L 索引"显示自动运行中的 P 代码（子程序调用）和 L 代码（调用次数），"M．T 索引"显示自动运行中的 M 代码（辅助功能）和 T 代码（刀具号和刀补号），"机械坐标"显示刀具在机床坐标系中的坐标变化。

四、数控车床的用途

数控车床能对轴类或盘类等回转体零件自动地完成内、外圆柱面，圆锥面，圆弧面和直、锥螺纹等工序的切削加工，并能进行切槽、钻、扩、铰等工作。它是目前国内使用极为广泛的一种数控机床，约占数控机床总数的 25%。

第二节 数控车床编程的工作准备

一、掌握数控系统的功能

数控机床加工中的运动在加工程序中用指令的方式事先予以规定。这类指令有准备功能 G、辅助功能 M、刀具功能 T、主轴转速功能 S 和进给功能 F 等。对于准备功能 G 和辅助功能 M，我国依据 ISO 105—1975（E）国际标准制定了 JB 3208—83 部分标准。由于我国目前数控机床的形式和数控系统的种类较多，它们的指令代码定义还不统一，同一个 G 指令或同一个 M 指令的含义有时不相同。因此，编程人员在编程前必须对自己使用的数控系统的功能进行仔细地研究，以免发生错误。

1. 准备功能和辅助功能

此处以 FANUC－12T 数控车床为例，列出数控车床常用的准备功能和辅助功能指令，如表 2-2 和表 2-3 所示。

表 2-2　准备功能指令

代码	功　　能	代码	功　　能
C00	快速点位移动	C43	刀具长度补偿（正向）
C01	直线插补	G44	刀具长度补偿（负向）
G02	顺圆插补	G49	注销刀具长度补偿
G03	逆圆插补	G50	工件坐标系的设立
G04	延时	G71	轮廓粗车循环
G28	区回参考点	G72	轮廓粗车循环
G29	从参考点返回	G70	粗车循环
G33	螺纹加工	G73	轮廓粗车循环
G41	刀具半径补偿（左）	G76	螺纹循环
G42	刀具半径补偿（右）	G77	固定循环
G40	注销刀具半径补偿	G79	固定循环

表 2-3　辅助功能指令

代码	功　　能	代码	功　　能
M00	程序暂停	M05	主轴停止
M02	程序结束	M08	切削液开
M03	主轴正转	M09	切削液关
M04	主轴反转	M30	纸带结束

2. 其他功能指令

除了 G 指令和 M 指令外，编程时还应有 F 功能、S 功能、T 功能等。

●F 功能也称进给功能，其作用是指定执行元件（如刀架、工作台等）的进给速度。F 功能由字母 F 和其后数字组成，单位可以是 mm/min（一般为整数），也可以是 mm/r（一般为小数）。

●S 功能也称主轴转速功能，其作用是指定主轴的转速。S 功能由字母 S 和其后数字组成，单位为 r/min。

●T 功能也称刀具功能，其作用是指定刀具序号及刀补偏置值。T 功能由字母 T 和其后数字组成（若为 4 位数，则有补偿；若为 2 位数，则无补偿）。

二、建立坐标系统

1. 数控车床坐标系

数控车床的坐标系以径向为 X 轴方向，纵向为 Z 轴方向，如图 2-3 所示。

数控车床的坐标系是机床固有的坐标系，在出厂前就已经调整好，一般情况下不允许用户随意变动。

数控车床的坐标系原点为机床上的一个固定的点，一般为主轴旋转中心与卡盘后端面与中心线之交点，即图 2-3 中的 O 点。参考点也是机床上的一个固定点，它是刀具退离到一个固定不变的极限点，其位置由机械挡块来确定，即图 2-3 中的 O'。

2. 工件坐标系（编程坐标系）

工件坐标系是编程时使用的坐标系，故又称为编程坐标系。在编程时，应首先确定工件坐标系，工件坐标系的原点也称为工件原点。从理论上讲，工件原点选在任何位置都是可以的。但实

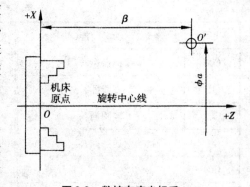

图 2-3　数控车床坐标系

际上，为了编程方便和各尺寸较为直观，应尽量把工件原点选得合理些，一般将 X 轴方向的原点设定在主轴中心线上，而 Z 轴方向的原点一般设定在工件的右端面或左端面上，如图 2-4 所示的 O 点或 O'点。

三、做好编程前的工艺准备

对于数控车床，采用不同的数控系统，其编程方法和编程指令的规定不尽相同。下面以

CJK603 型数控车床配备的 HCNC – 1T 数控
系统为例来介绍。

1. 阅读机床说明书和编程手册

在编程加工程序前要认真阅读机床说
明书和编程手册，以便了解数控机床的结
构、数控系统的功能和其他的有关参数。

2. 分析工件样图和制订加工工艺

根据工件样图对工件的形状、加工精
度、技术条件、毛坯等进行详细分析，并
在此基础上确定加工的工步顺序和装夹方

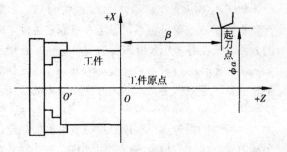

图 2-4　工件坐标系

法，合理选用切削用量和刀具的形状、尺寸、规格以及刀具在回转刀架上的安装位置等。

编程人员在编程时应特别注意要选择最佳的切削条件和最短的刀具路径，以提高效率；
要充分利用机床数控系统的指令功能，以简化编程。

3. 数学处理

确定加工工艺方案后，根据零件的几何尺寸和加工路线计算刀具运动轨迹，以获得刀位
数据。数控系统一般都具有直线插补和圆弧插补功能，对于由直线和圆弧组成的轴类、盘类
零件，只需要计算出零件轮廓上相邻几何要素的交点或切点的坐标值，得出各几何要素的起
点、终点和圆弧的圆心坐标值。对于复杂零件的数学处理一般手工计算难以实现，需要借助
计算机辅助计算。

第三节　数控车床基本编程方法

一、数控车床编程坐标系的建立

数控车床编程坐标系的建立是编程工作的重要一步，如图 2-5 所示（图中位置为仰视），

XOZ 为机床坐标系，Z 轴与车
床导轨平行（取卡盘中心线），
正方向是离开卡盘的方向，X 轴
与 Z 轴垂直，正方向是刀架离
开主轴轴线的方向。坐标原点
取在卡盘后端面与中心线交点
处。图中 O' 点是机械零点（亦
称机床原点），它一般设在刀架
或移动工作台的最大行程处，
处在机床坐标系的正方向，其
定位精度很高，是机床调试和

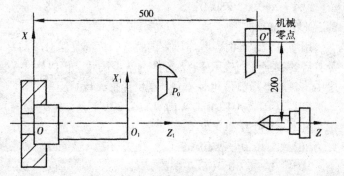

图 2-5　车床坐标系与工作坐标系

加工时十分重要的基准点。该点在机床坐标系中的坐标值为 $X = 400$mm（直径），$Z = 500$mm。
当刀架回到机械零点时，刀架上的对刀参考点与机械零点重合，实际是拖板上的触头碰到了机
械零点行程开关。在手动状态控制下，屏幕上显示的是机床坐标系内刀具当前点的坐标值。

$X_1O_1Z_1$ 为编程坐标系（亦称工件坐标系），它是以工件原点为坐标原点建立的 X、Z 轴直角坐标系。编程坐标系可设定在机床或工件上的任何位置，但为了编程时计算坐标点数据的方便以及使各坐标尺寸较为直观，应正确合理地选择编程坐标系。编程坐标系的原点设置如图 2-5 所示。Z_1 轴与机床坐标系中 Z_1 轴重合，正方向也是远离卡盘的方向。X_1 轴与 Z_1 轴相垂直，正方向也是刀架离开主轴轴线的方向。原点 O_1 一般取在工件右端面与中心线之交点处。编程坐标系一般用 G50 来确定。P_0 点（程序原点）是开始加工时刀尖的起始点及加工过程中的换刀点，程序原点位置由编程确定，一般应为正值。考虑到对刀的方便以及避免换刀时产生碰刀现象，程序原点应选在工件外合适的位置。进入自动加工状态时，屏幕上显示的是加工刀具刀尖在编程坐标系中的绝对坐标值。

二、绝对值方式及增量值方式编程

编写程序时，可以用绝对值方式编程，也可以用增量值方式编程，或者二者混合编程。用绝对值方式编程时，程序段中的轨迹坐标都是相对于某一固定编程坐标系原点所给定的绝对尺寸，用 X、Z 及其后面的数字表示。同时需要说明的是，在数控车床上编程时，不论是按绝对值方式编程，还是按增量值方式编程，X、U 坐标值应以实际位移量乘以 2，即以直径方式输入，且有正负号。Z、W 坐标值为实际位移量。这种规定同样适用于后面的指令。

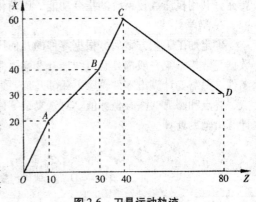

图 2-6　刀具运动轨迹

以图 2-6 为例，刀具从坐标原点 O 依次沿 $A \rightarrow B \rightarrow C \rightarrow D$ 运动，用绝对值方式编程。程序如下：

N01　　G01　X40.0　Z10.0　F120；　　（$O \rightarrow A$）（进给速度为 120mm/min）
N02　　X80.0　Z30.0；　　　　　　（$A \rightarrow B$）
N03　　X120.0　Z40.0；　　　　　　（$B \rightarrow C$）
N04　　X60.0　Z80.0；　　　　　　（$C \rightarrow D$）
N05　　M02；

用增量值编程时，程序段中的轨迹坐标都是相对于前一位置坐标的增量尺寸，用 U、W 及其后的数字分别表示 X、Z 方向的增量尺寸。仍以图 2-6 为例，在下列用增量值编写的程序中，各点坐标都是相对于前一点位置来编写的。

N01　　G01　U40.0　W10.0　F120；　　（$O \rightarrow A$）
N02　　U40.0　W20.0；　　　　　　（$A \rightarrow B$）
N03　　U40.0　W10.0；　　　　　　（$B \rightarrow C$）
N04　　U - 60.0　W40.0；　　　　　（$C \rightarrow D$）
N05　　M02；

三、快速点位运动指令

G00 是指令刀具以点定位控制方式从刀具所在点快速运动到下一个目标点位置。
程序格式：G00　X（U）＿　Z（W）＿；

X（U）、Z（W）为目标点坐标。

说明：

●执行该指令时，移动速度不需在程序中设定，其速度已由生产厂家预先调定，若编程时设定了进给速度F，则它对G00程序段无效；

●G00为模态指令；

●X、Z后面跟的是绝对尺寸，U、W后面跟的是增量尺寸；

●X、U坐标应以直径方式输入，且有正负号；Z、W坐标值为实际位移量。

例如，图2-7中，刀具从起点A快速移动到目标点B，

其绝对值编程方式为：G00 X60.0 Z80.0；

其增量值编程方式为：G00 U40.0 W70.0；

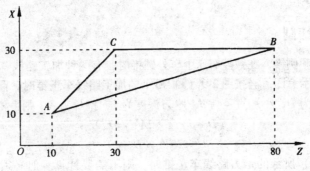

图2-7　快速点定位

执行上述程序段时，刀具实际的运动路线不是一条直线，而是一条折线，首先刀具以快速进给速度运动到点C（30，30），然后再运动到点B（30，80）。因此，在使用G00指令时要注意刀具是否和工件及夹具发生干涉，对不适合联动的场合，两轴可单动。如果忽略这一点就容易发生碰撞，而在快速状态下的碰撞就更加危险。

四、回程序原点程序

程序原点是程序的起点，也是开始加工时刀尖的起始点，FANUC－12T系统用G28、G29两个指令来实现自动返回程序原点和从原点自动返回加工处的刀具运动。

G28指令可以使刀具从任何位置以快速点定位方式经过中间点返回程序原点。

程序格式：G28 X＿＿　Z＿＿；

其中，X、Z为返回路径中间点的坐标值。

G29指令可以使刀具从程序原点以快速点定位方式经过G28指定的中间点自动返回加工处。

程序格式：G29 X＿＿　Z＿＿；

其中，X、Z为返回点的坐标值。

说明：

●G28和G29这两个指令常成对使用；

●执行G28指令前，应取消刀具补偿功能。

例如，图2-8中，"G28 X180.0 Z95.0 T0300"程序段表示由点A快速移动到点B，再移

到点 R 换刀；"G29 X60.0 Z135.0" 程序段表示由点 R 先返回至点 B，再到执行点 C。

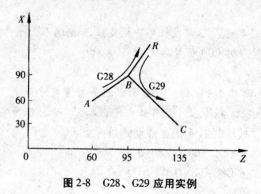

图 2-8　G28、G29 应用实例

五、圆锥的切削

圆锥分为正锥和倒锥，在数控车床上车外圆锥时，有两种加工路线。图 2-9 所示为车正锥的两种加工路线示意图，当按图 2-9（a）所示的加工路线车正锥时，需要计算终刀距 L'。假设锥的大端直径为 D，小端直径为 d，吃刀深度为 L，锥长为 A，则由相似三角形可得

$$(D-d)/(2A)=L/L'$$

即

$$L'=2AL/(D-d)$$

当按图 2-9（b）所示的走刀路线车正锥时，则不需要计算。但必须确定背吃刀量 L_0。由图可见，只要确定了背吃刀量 L_0，就确定了下一个目标点的值，即可车出圆锥轮廓。在每次切削中，背吃刀量是变化的，而切入目标点始终是固定的。这种加工方法由于只确定一

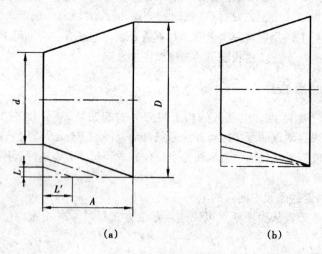

(a)　　　　　　　　　　　　(b)

图 2-9　车正锥加工路线

个目标点，所以编程比较简单。车倒锥原理与车正锥相同，此处不再赘述。

六、直线插补指令

G01 直线插补也称直线切削。直线插补的特点是：刀具以直线插补运算联动方式由某坐标点移动到另一坐标点，移动速度由进给功能指令 F 来设定。机床执行 G01 指令时，在该

程序段中必须含有 F 指令。

程序格式：G01 X（U）＿ Z（W）＿ F；

其中，X（U）、Z（W）为目标点坐标，F 为进给速度。

说明：

- G01 指令是模态指令；
- GOl 指令后面的坐标值取绝对尺寸还是取增量尺寸由尺寸地址决定；
- 进给速度由模态指令 F 指定。如果在 G01 程序段之前的程序段没有 F 指令，而现在的 G01 程序段中也没有 F 指令，则机床不运动。因此，G01 程序中必须含有 F 指令。它可以用 G00 指令取消。

例如，图 2-10 中，选右端面与轴线交点 O 为工件坐标系原点，绝对值方式编程如下：

N01 G50 X200.0 Z100.0；　　　　　　　（设定工件坐标系）

N02 G00 X30.0 Z5.0 S800 T01 M03；　　（$P_0 \rightarrow P'_1$ 点）

N03 G01 X50.0 Z－5.0 F80.0；　　　　　（刀尖从 P'_1 点按 F 值运动到 P_2 点）

N04. Z－45.0；　　　　　　　　　　　　（$P_2 \rightarrow P_3$ 点）

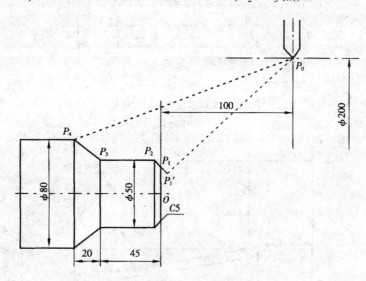

图 2-10　直线插补

N05 X80.0 Z－65.0；　　　　　　　　　（$P_3 \rightarrow P_4$ 点）

N06 G00 X200.0 Z100.0；　　　　　　　（$P_4 \rightarrow P_0$ 点）

N07 M05；　　　　　　　　　　　　　　（主轴停）

N08 M02；　　　　　　　　　　　　　　（程序结束）

增量值方式编程如下：

N01 G00 U－170.0 W－95.0 S800 T01 M03；　（$P_0 \rightarrow P'_1$ 点）

N02 G01 U20.0 W－10.0 F80.0；　　　　　（刀尖从 P'_1 点按 F 值运动到 P_2 点）

N03 W－40.0；　　　　　　　　　　　　（$P_2 \rightarrow P_3$ 点）

N04 U30.0 W－20.0；　　　　　　　　　（$P_3 \rightarrow P_4$ 点）

N05 G00 U120.0 W165.0；　　　　　　　（$P_4 \rightarrow P_0$ 点）

N06 M05；　　　　　　　　　　　　　　（主轴停）

N07 M02；　　　　　　　　　　　　　　　　　（程序结束）

七、循环

数控车床上加工阶梯轴工件的毛坯常使用棒料或铸、锻件，所以车削加工图 2-11 和图 2-12 所示的图柱表面和圆锥表面时，加工余量大，一般需要多次重复循环加工，才能车去全部加工余量。为了简化编程，数控车床常具备一些循环加工功能。下面简要介绍几种常用的循环指令。

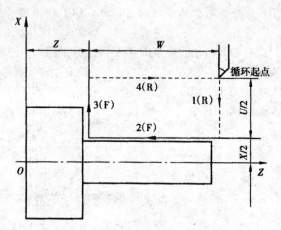

图 2-11　车削圆柱表面固定循环

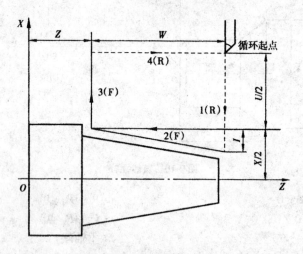

图 2-12　车削圆锥表面固定循环

1. 简单固定循环指令 G77、G79

（1）G77 指令　该指令可实现车削圆柱面和圆锥面的自动固定循环。

程序格式为：

圆柱面切削循环 G77 X（U）__ Y（W）__ F__；

圆锥面切削循环 G77 X（U）__ Z（W）__ I__ F__；

圆柱面切削循环过程如图 2-12 所示。图 2-12 中虚线表示按快进速度 R 运动，实线表示按工作进给速度 F 运动。X、Z 为圆柱面切削终点坐标值；U、W 为圆柱面切削终点相对于循环起点的增量值。加工顺序按 1→2→3→4 进行。圆锥面切削循环过程如图 2-12 所示。图中的 I 为锥体大端和小端的半径差。若工件锥面起点坐标大于终点坐标时，I 后的数值符号取正，反之取负。

例如加工图 2-13 （a）所示的工件，其程序为：G77 X36.0 Z30.0 F60.0；

加工图 2-13 （b）所示的工件，其程序为：G77 X40.0 Z40.0 I5.0 F40.0；

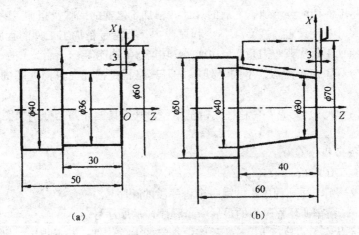

（a）   （b）

图 2-13   G77 加工实例

（2）G79 指令   该指令可实现端面加工固定循环。

程序格式为：G79 X（U）__ Z（W）__ F__；

端面切削循环过程如图 2-14 所示。图中虚线表示按快进速度 R 运动，实线表示按工作进给速度 F 运动。G79 程序中的地址含义与 G77 的相同，加工顺序按 1→2→3→4 进行。

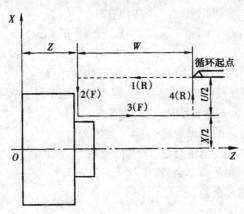

图 2-14   车削端面固定循环

2. 轮廓切削循环指令 G71、G72、G73、G70

（1）粗车循环指令 G71、G72

程序格式：G71/G72 P（ns）Q（nf）U（Δu）W（Δw）D（Δd）F（f）S（s）T（t）；

其中：ns——精车循环程序中的第一个程序段的顺序号；

nf——精车循环程序中的最后一个程序段的顺序号；

Δu——X 轴方向的精车余量（直径值）；

Δw——Z 轴方向的精车余量；

Δd——每一次循环的背吃刀量，方向为图 2-15（a）中垂直轴线方向 AA' 方向，没有正负号。

F、S、T 仅在粗车循环程序中有效。

G71 指令将工件切削至精加工之前的尺寸。精加工之前的形状及粗加工的刀具路径由系统根据精加工尺寸自动设定。在 G71 指令程序段内，要指定精加工工件的程序段的顺序号、精加工余量、粗加工每次背吃刀量、F 功能、S 功能、T 功能等。

G72 指令与 G71 指令类似，不同之处就是刀具路径是按径向方向循环的，输入格式与 G71 指令相同。

G71、G72 指令分别完成外径和端面粗车循环，其刀具循环路径分别如图 2-15（a）、图 2-15（b）所示。

（2）精车循环指令 G70

程序格式：G70 P（ns）Q（nf）；

其中：ns——精车循环程序中的第一个程序段的顺序号；

nf——精车循环程序中的最后一个程序段的顺序号。

在 G70 指令状态下，执行 ns 至 nf 程序中指定的 F、S、T；若不指定，则按粗车循环程序段中指定的 F、S、T 执行。

G71、G72 指令完成粗车循环后，使用 G70 指令可实现精车循环。精车时的加工量是粗车循环时留下的精车余量，加工轨迹是完成工件的轮廓线。

（3）闭合粗车循环指令 G73　G73 指令与 G71、G72 指令功能相同，只是刀具路径是按工件精加工轮廓进行循环的。例如，铸件、锻件等工件毛坯已经具备了简单的零件轮廓，这时粗加工使用 G73 循环指令可以省时，提高功效。

程序格式：G73 P（ns）Q（nf）I（Δi）K（Δk）U（Δu）W（Δw）D（Δd）F（f）S（s）T（t）；

其中：ns——精车循环程序中的第一个程序段的顺序号；

nf——精车循环程序中的最后一个程序段的顺序号；

Δi——X 轴方向的退出距离（半径值）；

Δk——Z 轴方向的退出距离；

Δu——X 轴方向的精车余量，（直径值）；

Δw——Z 轴方向的精车余量；

Δd——粗车循环次数。

八、圆弧插补指令

G02/G03 圆弧插补指令是使刀具在指定平面内按给定的进给速度做圆弧插补运动，切削出圆弧曲线。顺时针圆弧插补用 G02 指令，逆时针圆弧插补用 G03 指令。

数控车床是两坐标的机床，只有 X 轴和 Z 轴，在判断圆弧的逆、顺时，应将 Y 轴也加上去考虑。观察者让 Y 轴的正向指向自己，然后观察 XZ 平面内所加工圆弧曲线的方向，即可判断圆弧的逆、顺方向。

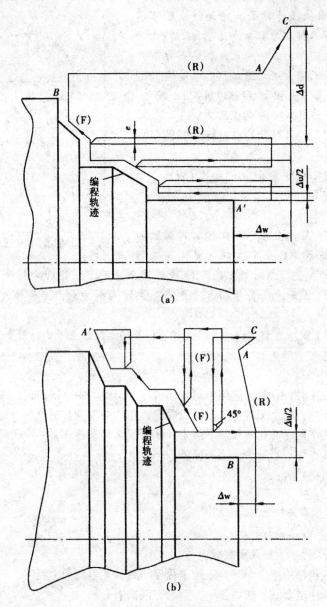

图 2-15　G71 和 G72 的粗车循环

加工圆弧时，经常采用两种编程方法，现介绍如下。

1. 用圆弧终点坐标和半径 R 编写圆弧加工程序

程序格式：G02/G03 X（U）＿　Z（W）＿　R＿　F＿；

说明：

● 首先分清圆弧的加工方向，确定是顺时针圆弧还是逆时针圆弧，顺时针圆弧用 G02 加工，逆时针圆弧用 G03 加工。

● X、Z 后跟绝对尺寸，表示圆弧终点的坐标值；U、W 后跟增量尺寸，表示圆弧终点相对于圆弧起点的增量值；X、U 均采用直径值编程。

● 从图 2-16 圆弧插补时圆弧的两种处理可看出，用圆弧半径 R 和终点坐标来加工圆弧时，由于在同一半径的情况下，圆弧的起点 A 到终点 B 有两种可能性，为区分两者，规定圆心角小于等于 180° 时，用 " $+R$ " 表示，如图 2-16 中的圆弧 1；反之，用 " $-R$ " 表示，如图 2-16 中的圆弧 2。

2. 用分矢量 I、K 和圆弧终点坐标编写圆弧加工程序

程序格式：G02/G03 X（U） ___ Z（W） ___ I__ K__ F__；

说明：

● 用分矢量 I、K 和圆弧终点坐标编写圆弧加工程序时，应首先找到圆弧的方向矢量，即从圆弧起点指向圆心的矢量，然后将之在 X 轴和 Z 轴上分解，分解后的矢量分别用其在 X 轴和 Z 轴上的投影 I、K 加上正负号表示，当分矢量 I、K 的方向与坐标轴的方向不一致时取负号；

● X（U）、Z（W）与前一种方法定义相同，X 轴上的分矢量 I 也用直径值编程。

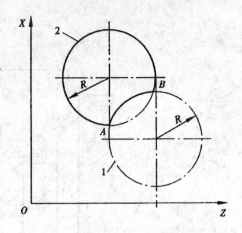

图 2-16　圆弧插补时圆弧的两种处理

九、子程序

在编制加工程序时，有时会遇到一组程序段在一个程序中多次出现，或者在几个程序中都要使用它。这个典型的加工程序可以做成固定程序，并单独加以命名。这组程序段就称为子程序。使用子程序可以简化编程。不但主程序可以调用子程序，一个子程序也可以调动下一级的子程序，其作用相当于一个固定循环。

子程序的调用格式为：

M98 P ___ L ___；

其中：M98——子程序调用指令；

　　　　P——子程序号；

　　　　L——子程序重复调用次数。

子程序返回主程序用指令 M99，表示子程序结束，并返回到主程序。子程序调用下一级子程序，称为子程序嵌套。一般情况下，只能有两次嵌套。

G73 指令循环过程如图 2-17 所示。

十、螺纹加工

1. 简单螺纹循环指令 G33

程序格式：G33 X ___ Z ___ F ___；

其中：F 为导程，Z 为螺纹在 Z 轴方向的终点坐标，X 为锥螺纹大端直径。若程序段中没有指定 X，则表示加工圆柱螺纹；若程序段中指定了 X，则表示加工圆锥螺纹。

G33 指令可以加工圆柱螺纹和圆锥螺纹。它和 G01 的根本区别是它能使刀具在直线移动的同时，主轴旋转按一定的关系保持同步，即主轴转一周，刀具移动一个导程；而 G01 指令不能保证刀具和主轴旋转之间的同步关系。因此，用 G01 指令加工螺纹时会产生乱牙

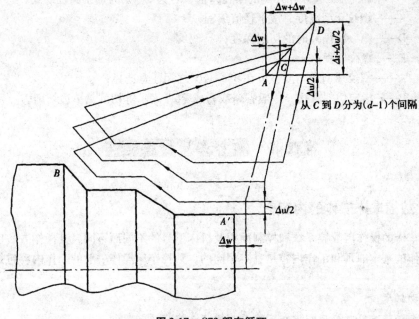

图 2-17 G73 粗车循环

现象。

用 G33 加工螺纹时，由于机床伺服系统本身具有滞后特性，会在起始段和停止段发生螺纹的螺距不规则现象，故应考虑刀具的引入长度 Δ_1 和超越长度 Δ_2，如图 2-18 所示。

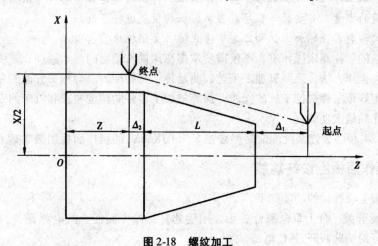

图 2-18 螺纹加工

2. 螺纹切削循环指令 G376

当螺纹切削次数很多时，采用 G33 编程很繁琐，而采用螺纹切削加工指令 G76，只用一条指令就可以进行多次切削。

程序格式为：G76 X＿Z＿I＿K＿D＿F＿A＿P＿;

其中：X——螺纹加工终点处 X 轴坐标值;

Z——螺纹加工终点处 Z 轴坐标值;

I——螺纹加工起点和终点的半径差值，若为0，则为加工圆柱螺纹；

K——螺纹牙型高度，按半径值编程；

D——第一次循环时的切削深度；

F——螺纹导程；

A——螺纹牙型角角度，可在0°～120°之间任意选择；

P——指定切削方式，一般省略或写成P1，表示等切削量单边切削。

第四节　数控车床操作要点

一、数控车床操作的内容

数控车床的操作因数控系统和控制面板及机床型号的不同而不同，其操作方法也多种多样。但操作的基本原理和工作内容是基本相同的，数控车床操作一般的工作内容包括以下几个方面：

- 启动机床；
- 程序编辑，包括程序的输入、检查及修改等操作；
- 安装刀具并建立刀具数据库；
- 进行空运转循环加工，进一步检查程序和刀具数据设置正确与否；
- 安装工件进行自动循环加工；
- 在自动加工过程中或加工后，检测被加工工件的精度是否合格，并根据测量结果确定影响加工质量的因素，必要时对程序或刀具数据的设置进行修改；
- 重新启动自动循环加工，加工完毕停止操作关闭机床。

一个合格的数控车床操作工，不仅需要掌握车床操作编程的基本原理，熟练掌握数控车床的各种基本操作方法，还要有加工工艺、测量技术及切削刀具等相关方面的专业知识。只有这样才能更好地掌握数控车床的操作，保障被加工零件的精度要求和机床的安全运行，以发挥数控机床的最大功效。

HCNC－1T车削数控系统配简易型数控车床CJK6032的操作面板如图2-19所示。

二、操作面板上按键功能

操作面板上各按键的功能如下。

（1）电源开关　合上总电源开关后，用钥匙打开操作面板上的电源开关，以接通CNC电源，同样可用钥匙断开CNC电源。

（2）急停按钮　机床操作过程中，当出现紧急状况时，按下急停按钮，伺服进给及主轴运转立即停止工作，CNC即进入急停状态。当要解除急停时，须沿急停按钮的箭头方向转抬，即可解除。

（3）超程解除按钮　当某轴出现超程，要退出超程状况时，必须在手动方式下，一直按压着超程解除按钮，同时按下该坐标轴运动方向按钮（＋X、－X、＋Z、－Z）的反方向按钮，以解除超程状态。

（4）工作方式选择　波段开关通过工作方式选择开关，选择系统的工作方式，包括自

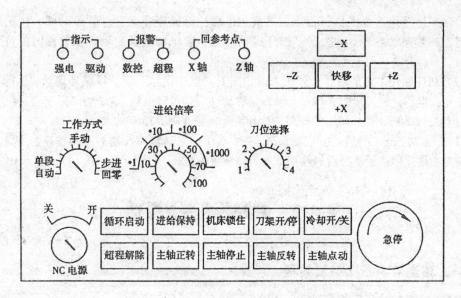

图 2-19　HCNC–IT 简易型数控车床的操作面板

动、单段、手动、步进、回零等五种工作方式。

●自动方式　当工作方式选择波段开关置于该工作方式时，机床控制由 CNC 自动完成，即通过控程序自动控制完成。

●单段方式　当方式选择波段开关置于该工作方式时，程序控制格会逐段进行，即运行一段后机床停止，再按一下循环启动按钮，执行下一程序段，执行完了后又再次停止。

此方式一般用于调试程序或试切工件时使用。

●手动/点动方式　当方式选择波段开关置于该工作方式时，按压 +X、–X、+Z 或 –Z，机床将在对应的轴向乘进给倍率产生点动，松开按钮则减速停止。按压 +X、–X、+Z 或 –Z 时，同时按下快移按钮，则点动速度较快。此方式主要是在装夹、调整工件，设定刀具参数以及其他准备工作的时候进行。

●步进方式当方式　选择波段开关置于该工作方式时按压 +X、–X、+Z 或 –Z，机床将在对应的轴向乘进给倍率以脉冲当量的倍数产生步进，松开按钮则停止。此方式主要用在精调整机床或精对刀时。

●回零方式当方式　选择波段开关置于该工作方式时，按压 +X、–X、+Z 或 –Z 机床将在对应的轴向回零。一般情况下，系统上电或退出数控系统后操作机床，必须首先使各坐标轴回零；在回零过程中，不允许有使坐标轴移动的动作（如点动）；可允许所有坐标轴同时进行回零操作。

（5）进给倍率　在自动、点动和步进方式下，当进给速度偏高时，可用操作面板上的进给倍率开关，修调机床的实际进给速度，此开关可提供 5%、10%、30%、50%、70% 和 100% 六挡修调比例。

（6）刀位选择　在选定对应的刀具之后，再按下"刀架开/停"按钮，可手动讲用户所选的刀具转到切削位置。

（7）循环启动　自动运转的启动。

（8）进给保持　自动运转暂停。在自动运转方式过程中，按下"进给保持"键，机床运动轴减速停止，暂停执行程序，刀具、机床坐标轴停止运行。暂停期间，按钮内指示灯亮。在暂停状态下，再按下"循环启动"键，系统将重新启动，从暂停时的位置继续运行。

（9）机床锁住　在自动运行开始之前，按下"机床锁住"键，再循环启动，坐标位置信息变化，但不允许刀架的 X 轴、Z 轴方向移动（刀架可转位）。这个功能用于校验程序。

（10）冷却液开/关　按下此开关，冷却液开；松开则冷却液关。

（11）主轴正转/主轴停止/主轴反转/主轴点动　主轴转动控制的手动按钮。主轴点动一般用在主轴速度机械换挡后的挂挡试速或调试主轴时。

第五节　数控车床编程实例

一、轴类带中心孔加工编程

例1　对图 2-20 所示的工件进行精加工，ϕ85mm 外圆不加工。毛坯为 ϕ85mm × 340mm 棒料，材料为 45 钢。要求编制其精加工程序。

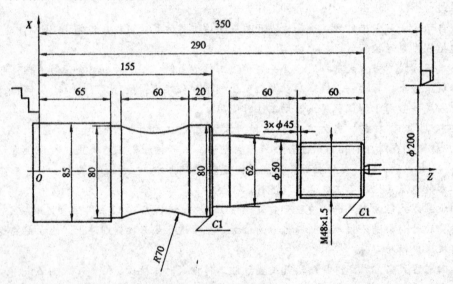

图 2-20　编程实例之一

1. 根据零件图纸要求，按先主后次的加工原则，确定加工工艺方案

● 先从右至左切削外轮廓面，其路线为：倒角→切削螺纹的实际外圆→切削锥度部分→车削 ϕ62mm 外圆→倒角→车削 ϕ80mm 外圆→切削圆弧部分→车 ϕ80mm 外圆。

● 切 3mm × ϕ45mm 的槽。

● 车 M48×1.5 的螺纹。

2. 选择刀具并绘制刀具布置图

根据加工要求需选用三把刀具。T01 号刀车外圆，T02 刀切槽，T03 号刀车螺纹。对刀时，用对刀显微镜以 T01 号刀为基准刀，测量其他两把刀相对于基准刀的偏差值，并把它们的刀偏值输入相应刀具的刀偏单元中。

　　为避免换刀时刀具与机床、工件及夹具发生碰撞现象，要正确选择换刀点。本例换刀点选为 A（X200，Z350）点。

3. 选择切削用量

其切削用量如表 2-4 所示。

表 2-4　切削用量

切削表面	切削用量	
	主轴转速 S/r·min^{-1}	进给速度 f/mm·r^{-1}
车外圆	630	0.15
切槽	315	0.16
车螺纹	200	1.50

4. 编制数控程序

该机床可以采用绝对值和增量值混合编程，绝对值用 X、Z 地址，增量值用 U、W 地址，采用小数点编程，其加工程序如下：

N01 G50 X200.0 Z350.0;　　　　　　　设置工件坐标系

N02 M03 $630 T0101 M08;　　　　　　主轴正转，转速为 630r/min，选 T01 号刀，切削液开

N03 G00 X41.8 Z292.0;　　　　　　　快进至（41.8，292.0）点

N04 G01 X47.8 Z289.0 F0.15;　　　　倒角，进给速度为 0.15mm/r

N05 U0 W−59.0;　　　　　　　　　　车 ϕ47.8mm 螺纹大径

N06 X50.0 W0;　　　　　　　　　　　径向退刀

N07 X62.0 W−60.0;　　　　　　　　车 60mm 长的锥

N08 U0 Z155.0;　　　　　　　　　　车 ϕ62mm 的外圆

N09 X78.0 W0;　　　　　　　　　　　径向退刀

N10 X80.0 W−1.0;　　　　　　　　　倒角

N11 U0 W−19.0;　　　　　　　　　　车 ϕ80mm 的外圆

N12 G02 U0 W−60.0 I63.25 K−30.0;　车顺圆弧 R70（圆心相对于起点，I、K 参数值也可用 R70 代）

N13 G01 U0 Z65.0;　　　　　　　　　车 ϕ80mm 的外圆

N14 X90.0 W0;　　　　　　　　　　　径向退刀

N15 G00 X200.0 Z350.0 M05 T0100 M09;　快退至换刀点，主轴停，取消刀补，切削液关

N16 M06 T0202;　　　　　　　　　　　换 2 号刀，并进行刀具补偿

N17 G00 X51.0 Z230.0 M03 S315 M08;　快进，主轴正转，转速为 315r/min，切削液开

N18 G01 X45.0 W0 F0.16;　　　　　　切槽，进给速度为 0.16mm/r

N19 G04 X5.0;　　　　　　　　　　　延时 5s

N20 G00 X51.0;　　　　　　　　　　　径向快速退刀

N21 X200.0 Z350.0 M05 T0200 M09;	快退至换刀点，主轴停，取消其刀补，切削液关
N22 M06 T0303;	换3号刀，并进行刀具补偿
N23 G00 X52.0 Z296.0 M03 S200 N08;	快进，主轴正转，转速为200r/min，切削液开
N24 G92 X47.2 Z231.5 F1.5;	螺纹切削循环，进给速度为1.5mm/r
N25 X46.6;	
N26 X46.2;	
N27 X45.8;	
N28 G00 X200.0 Z350.0 T0300 M09;	快速返回起刀点，取消刀补，切削液关
N29 M05;	主轴停止
N30 M02;	程序结束

二、盘类工件加工编程

例2 工件如图2-21所示，材料为45钢，毛坯为圆钢，左侧端面 φ95mm 外圆已加工，φ55mm 内孔已钻出为 φ54mm。

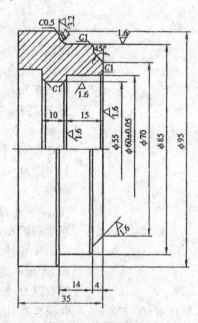

图 2-21　编程实例之二

1. 根据图样要求、毛坯及前道工序加工情况，确定工艺方案及加工路线

（1）装夹工件　以已加工外圆 φ55mm 及左端面为工艺基准，用三爪自定心卡盘夹持工件。

（2）工步顺序

①粗车外圆及端面，加工路线如图2-22所示。

②粗车内孔，加工路线如图2-23所示。

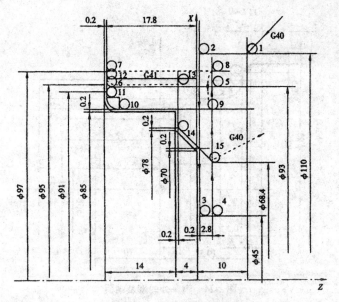

图 2-22 粗车外圆及端面

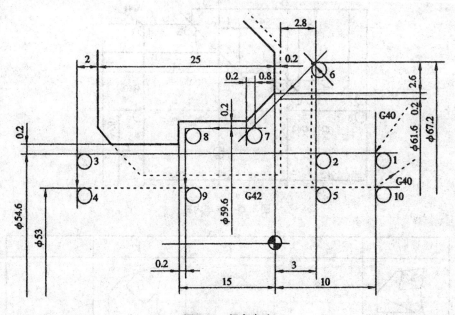

图 2-23 粗车内孔

③精车外轮廓及端面，加工路线如图 2-24 所示。

④精车内孔，加工路线如图 2-25 所示。

2. 刀具选择反刀位号

选择刀具反刀位号，如图 2-26 所示。

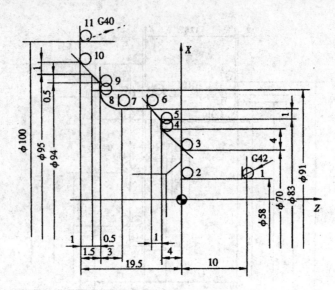

图 2-24 精车外轮廓及端面

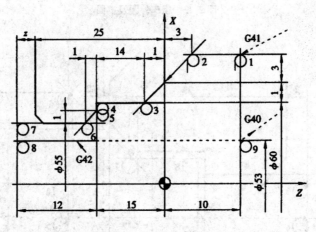

图 2-25 精车内孔

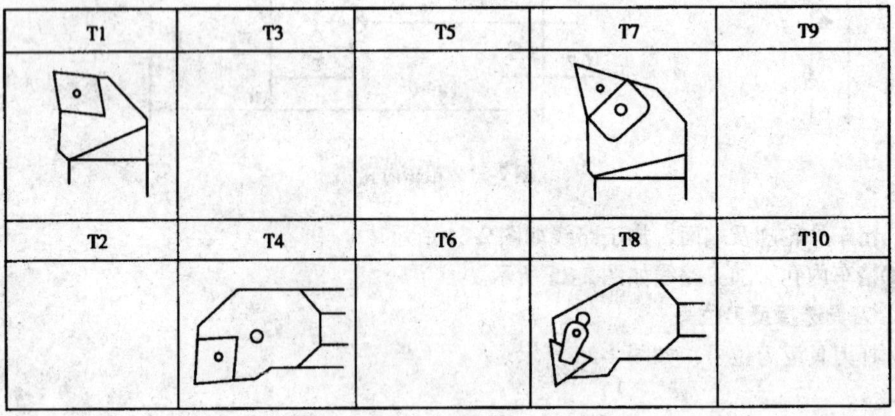

T1	T3	T5	T7	T9
T2	T4	T6	T8	T10

图 2-26 刀具及刀位号

3. 确定切削用量

切削用量详见加工程序。

4. 编制加工程序

以工件右端面中心为工件原点 O（见各工步加工路线图），换刀点定为（200，200）。加工程序及说明如下：

N01 G50 X200.0 Z200.0 T0101；	建立工件坐标系，调1号刀并进行刀补
N02 G96 S120 M03；	主轴以恒速控制 $v=120$m/min，正转启动
N03 G00 X110.0 Z10.0 M08；	快进至准备加工点，切削液开
N04 G01 Z0.2 F3.0；	工进至点（110，0.2），进给量为 3.0mm/r
N05 X45.0 F0.2；	粗车端面
N06 Z3.0；	纵向退刀
N07 G00 G97 X93.0 S400；	横向快退，取消主轴恒速控制 主轴转速为400r/min
N08 G01 Z－17.8 F0.3；	粗车外圆至 ϕ93mm
N09 X97.0；	横向退刀
N10 G00 Z3.0；	纵向快退
N11 G42 X85.4；	刀尖半径右补偿并横向快进
N12 G01 Z－15.0；	粗车外圆至 ϕ85.4mm
N13 G02 X91.0 Z－17.8 R2.8；	粗车 R3mm 顺时针圆弧至 R2.8mm
N14 G01 X95.0；	横向退刀
N15 G00 G41 Z－3.8；	刀尖半径左补偿并纵向快进
N16 G01 X78.4 F0.3；	横向进刀
N17 X64.8 Z3.0；	车锥面
N18 G00 T0100 X200.0 Z200.0 M09；	快退至换刀点，取消刀补及刀尖半径补偿，切削液关
N19 M01 T0404；	选择停，调4号刀并进行刀补
N20 S350 M08；	确定主轴转速为350r/min，切削液开
N21 G00 X54.6 Z10.0 M03；	快进至准备加工点，主轴启动
N22 G01 Z－27.0 F0.4；	粗车内孔至 ϕ54.6mm
N23 X53.0；	横向退刀
N24 G00 Z3.0；	纵向快退
N25 G41 X67.2；	刀尖半径左补偿并横向快移至点（69.2，3）
N26 G01 X59.6 Z－0.8 F0.3；	车锥面
N27 Z－14.8 F0.4；	车台阶孔
N28 X53.0；	横向退刀
N29 G00 Z10.0；	快速退刀
N30 G40 X200.0 Z200.0 T0400 M09；	快退至换刀点，取消刀补及刀尖半径补

	偿，切削液关
N31 M01；	选择停
N32 T0707；	调7号刀，并进行刀补
N33 S1100 M08；	确定主轴转速为1100r/min，切削液开
N34 G00 G42 X58.0 Z10.0 M03；	快进至准备加工点，刀尖半径右补偿，主轴启动
N35 G01 G96 Z0 F1.5 S200；	主轴以恒速控制 $v = 200$ m/min，纵向进刀
N36 X70.0 F0.2；	精车端面
N37 X78.0 Z-4.0；	精车锥面
N38 X83.0；	精车台阶端面
N39 X85.0 Z-5.0；	精车 1mm ×45°（C1）倒角
N40 Z-15.0；	精车 ϕ85mm 外圆
N41 G02 X91.0 Z-18.0 R3.0；	精车 R3mm 圆弧
N42 G01 X94.0；	精车 ϕ94mm 台阶端面
N43 X97.0 Z-19.5；	精车 0.5mm ×45°（0.5）倒角
N44 X100.0；	横向快退
N45 G00 G40 X200.0 Z200.0 T0700 M09；	快退至换刀点，取消刀补及刀尖半径补偿，切削液关
N46 M01；	选择停
N47 T0808；	调8号刀并进行刀补
N48 G97 S1000 M08；	取消主轴恒速控制，主轴转速为 1000r/min，切削液开
N49 G00 G41 X68.0 Z10.0 M03；	快进至准备加工点，刀尖半径右补偿，主轴启动
N50 G01 Z3.0 F1.5；	纵向进刀
N51 X60.0 Z-1.0 F0.2；	精车 1mm ×45°（C1）倒角
N52 Z-15.0 F0.15；	精车 ϕ60mm 内孔
N53 X57.0 F0.2；	精车 ϕ57mm 小台阶端面
N54 X55.0 Z-16.0；	精车 1mm ×45°（C1）倒角
N55 Z-27.0；	精车 ϕ55mm 内孔
N56 X53.0；	横向退刀
N57 G00 Z10.0 M09；	纵向快退
N58 G40 X200.0 Z200.0 T0800；	快退至换刀点，取消刀补及刀尖半径补偿
N59 M02；	程序结束

1. 圆弧插补有哪些方式？数控车加工圆弧应注意哪些问题？

2. M00、M01、M02、M30 的区别在哪里？

3. 数控车床是怎样实现循环加工的？写出粗车循环的几种程序段格式并说明其含义。

4. 数控车床是如何进行刀具补偿的？

5. 已知毛坯为 φ60×80 的棒料，材料为 45 钢，设 $\alpha_P \leqslant 2.5mm$，编制图 2-27 零件的粗、精加工程序。

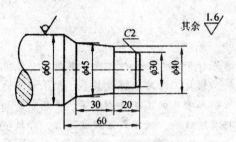

图 2-27 习题 5 图

数控铣床及其程序编制

第三章

本章概述

数控铣床是采用铣削方式加工工件的数控机床。其加工功能很强，能够铣削各种平面轮廓和立体轮廓零件，如凸轮、模具、叶片、螺旋桨等。配上相应的刀具后，数控铣床还可用来对零件进行钻、扩、铰、锪和镗孔加工及攻螺纹等。虽然随着加工中心的兴起，数控铣床在数控机床中的所占比例将有所减少，但就我国现状而言，数控铣床仍广泛应用于机械制造行业的各个部门以及军工部门。

教学目标

1. 掌握数控铣床的基本知识及其主要结构。
2. 熟悉数控铣床的主要功能指令。

＊ ＊ ＊ ＊ ＊ ＊ ＊ ＊ ＊ ＊ ＊

第一节　数控铣床基本知识

一、数控铣床的分类

数控铣床种类很多，从不同的角度看，分类就有所不同。按其体积大小可以分为小型、中型和大型数控铣床。按其控制坐标的联动数可以分为二坐标联动、三坐标联动和多坐标联动数控铣床等。常用的分类方法是按其主轴的布局形式分，分为立式数控铣床、卧式数控铣床和立卧两用数控铣床。其中立式数控铣床和卧式数控铣床布局形式如图 3-1 所示。

1. 卧式数控铣床

卧式数控铣床的主轴轴线平行于水平面，主要用来加工零件侧面的轮廓。为了扩充其功能和扩大加工范围，通常采用增加数控转盘来实现 4 或 5 坐标加工。这样，工件在一次加工中可以通过转盘改变工位，进行多方位加工，使配有数控转盘的卧式数控铣床在加工箱体类零件和需要在一次安装中改变工位的零件时具有明显的优势。

2. 立式数控铣床

立式数控铣床的主轴轴线垂直于水平面，是数控铣床中最常见的一种布局形式，应用范围也最广泛。立式数控铣床中又以三坐标（x, y, z）联动铣床居多，其各坐标的控制方式

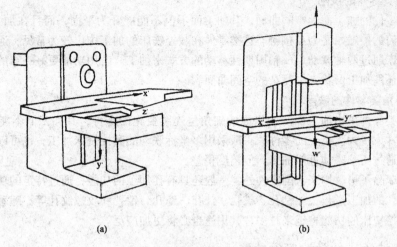

图 3-1　数控铣床主轴布局形式简图
（a）卧式；（b）立式

主要有以下几种：

- 工作台横、纵向移动、升降，主轴不动方式。目前小型数控铣床一般采用这种方式。
- 工作台横、纵向移动，主轴升降方式。这种方式一般运用在中型数控铣床中。
- 龙门架移动式，即主轴可在龙门架的横向与垂直导轨上移动，而龙门架则沿床作纵向移动。许多大型数控铣床都采用这种结构，又称之为龙门数控铣床。

在三个基本坐标之外，再加上一个旋转坐标，就是所谓的 4 坐标数控铣床。立式数控铣床还有 5 坐标联动式，其结构更加复杂，功能也更加强大。

3. 立、卧两用数控铣床

立、卧两用数控铣床的主轴轴线方向可以变换，使一台铣床具备立式数控铣床和卧式数控铣床的功能。这类铣床对加工对象的适应性更强，使用范围更广，而且买这样一台铣床所需的花费比买一台立式铣床加一台卧式铣床的花费少，生产成本由此而减少。所以，目前两用数控铣床的数量正在逐渐增多。

立、卧两用数控铣床的主轴方向的更换有手动和自动两种。有些立、卧两用数控铣床采用主轴头可以任意方向转换的万能数控主轴头，使其可以加工出与水平面成不同角度的工件表面。跟卧式数控铣床类似，还可以在这类铣床的工作台上增设数控转盘，以实现对零件的"五面加工"。

二、数控铣床的用途

数控铣床可以用来加工许多普通铣床难以加工甚至无法加工的零件。它以铣削功能为主，主要适合铣削下列 3 类零件。

1. 平面类零件的铣削

平面类零件的各个加工单元面均是平面，或可以展开为平面。这类零件的数控铣削相对比较简单，一般只用三坐标数控铣床的两坐标联动就可以加工出来。目前数控铣床加工的绝大多数零件属于平面类零件。

2. 曲面类零件的铣削

曲面类零件的加工面为空间曲面，其加工面不但不能展开为平面，而且在加工过程中，加工面与铣刀的接触始终为点接触。这类零件在数控铣床的加工中也较为常见，通常利用三坐标数控铣床通过两轴联动、一轴周期性移动的方式来加工。若用功能更好一点的三坐标联动数控铣床还能加工形状更加复杂的空间曲面。

3. 变斜角类零件的铣削

变斜角类零件是指加工面与水平面的夹角呈连续变化的零件，其加工面不能展开为平面。这类零件大多为飞机上的零件，一般采用多坐标联动的数控铣床加工，也可以在三坐标数控铣床上通过两轴联动近似加工，但精度稍差。

数控铣床除了可以用来铣削零件外，一般还具有孔加工的功能，通过特定的功能指令进行一系列的孔的加工过程，如钻孔、扩孔、铰孔、锪孔、镗孔和攻螺纹孔等。随着科学技术的发展，数控铣床的功能将越来越多，其用途也必将更加广泛。

三、数控铣床的数控系统功能

数控铣床所配置的数控系统，其功能比一般数控机床的数控的功能要丰富得多。只有正确掌握和应用这些功能，才能使数控铣床发挥它的最大作用。数控系统的种类较多，不同数控系统的功能也有一定的差别。这里以 XK5040A 立式数控铣床（配置的是 FANUC – BESK –3MASHK 系统）为例，介绍数控铣床数控系统的通用功能。

1. 控制轴（坐标）运动功能

XK5040A 立式数控铣床为两轴联动的三坐标数控铣床，即其数控系统能独立控制 X，Y，Z 三轴，自动加工过程可同时控制其中任意两轴。

2. 固定循环功能

数控铣床数控系统的固定循环功能主要指孔加工的固定循环功能，包括深孔钻削循环、攻螺纹循环、定点钻孔循环、精镗孔循环和镗孔循环等。这些加工的共同特点是加工过程要反复多次完成几个基本动作，按一般方式编程，需要相当长的一段程序。而利用数控系统的固定循环功能，就只要写入几条指令和一些相关的参数，就能完成相应的循环加工过程，大大简化了程序。

3. 刀具自动补偿功能

数控铣床的刀具补偿包括刀具半径自动补偿和刀具长度自动补偿两种。

（1）刀具半径自动补偿　数控铣床在加工零件时，由于刀具半径的存在，刀具中心轨迹必须与零件轮廓轨迹偏离一个刀具半径 R，才能得到所需的轮廓。刀具半径自动补偿就是指数控系统在加工过程中，可由编程人员按照零件轮廓轨迹编制的程序以及预先输入系统的刀具半径补偿值，自动算出刀具中心轨迹，从而控制铣床加工合格的零件。使用这一功能会大降低编程难度，提高加工精度和效率。

（2）刀具长度自动补偿功能　刀具长度补偿是刀具轴向（Z 方向）的补偿，它使刀具在 Z 方向上的实际坐标值比程序给定值增加或减少一个偏移量。使用该功能可以自动改变切削平面深度，降低在制造与返修时对刀具长度尺寸的精度要求，还可弥补轴向对刀误差。

4. 镜像功能

镜像功能也称轴对称加工功能。当工件具有相对于某一轴对称的形状时，就可利用此功能和调用子程序的方法，只对工件的一部分进行编程，而能加工出工件的整体。

5. 准备功能

准备功能也称为 G 功能，是用来指定数控铣床动作方式的功能。G 功能指令由 G 代码和它后面的两位数字组成。如用 G01 指定机床为直线加工方式。各类数控铣床数控系统的准备功能指令的定义不尽相同，在编程时必须遵照数控系统的说明书编制程序。表 3-1 是 FANUC – BESK –3MASHK 系统的准备功能代码表。

表 3-1 FANUC – BESK –3MASHK 系统的 G 功能

代码	组别	功 能
C00		快速定位
G01	01	直线插补
G02		顺时针圆弧插补
G03		逆时针圆弧插补
G04	00	暂停偏移量设定
G10		
G17		XY 平面设定
G18	02	ZY 平面设定
G19		YZ 平面设定
G20	06	英制输入
G21		公制输入
G27		返回参考点检验
G28	00	返回参考点
G29		从参考点返回
G31	00	跳跃功能
G39		尖角圆弧补偿
G40		取消刀具半径补偿
G41	07	刀具半径左补偿
G42		刀具半径右补偿
G43		刀具长度正补偿
G44	08	刀具长度负补偿
G49		取消刀具长度补偿
G65	00	宏指令

代码	组别	功能
G73		钻深孔循环
G74		反攻线循环
G76	09	精镗循环
G80		取消固定循环
G81		钻孔循环
G82		钻孔循环
G83		钻深孔循环
G84		攻丝循环
G85		精镗孔循环
G86	09	镗孔循环
G87		反镗孔循环
G88		镗孔循环
G89		镗孔循环
G90	3	绝对方式编程
G91		相对方式编程
G92	00	设定工件坐标系
G98	4	返回初始平面
G99		返回 R 平面

6. 辅助功能

辅助功能也称为 M 功能，用来指定数控铣床的辅助动作及状态。M 功能指令由 M 代码和其后面的数字组成。如 M03 表示主轴正转，M05 表示主轴停止转动。FANUC – BESK – 3MASHK 系统的辅助功能代码如表 3-2 所示。

表 3-2　辅助功能

代码	功能	代码	功能
M00	程序停止	M08	切削液开
M01	选择停止	M09	切削液关
M02	程序结束	M30	程序结束
M03	主轴正转	M98	调用子程序
M04	主轴反转	M99	子程序结束返回主程序
M05	主轴停止		

7. **进给功能**

数控铣床的进给功能是指定加工过程各轴进给速度的功能，其功能指令也由 F 代码和其后面的数字组成，单位为 mm/min。如 F100 表示指定进给速度为 100mm/min。

8. **主轴功能**

数控铣床的主轴功能主要是指定加工过程主轴的转速（刀具切削速度），主轴功能指令由 S 代码和其后面的数字组成，单位为 r/min。如 S600 表示主轴转速为 600r/min。

四、数控铣床的主要技术参数

若要正确使用一台数控铣床并充分发挥其功能，必须对数控铣床的主要技术参数有一定的了解，才不至于在编程和加工中出现一些不必要的错误。每一台数控铣床在出厂时，厂家都为用户提供一份使用手册，一般都有本铣床主要技术参数的介绍。下面是 XK5040A 立式数控铣床的主要技术参数。

- 机床外形尺寸（长×宽×高）　　　　　　　2495mm×2100mm×2170mm
- 工作台面积　　　　　　　　　　　　　　1600mm×400mm
- 工作台最大行程　　　　　纵向：　　　　900mm
　　　　　　　　　　　　　横向：　　　　375mm
　　　　　　　　　　　　　垂直：　　　　400mm
- 工作台 T 形槽　　　　　　宽：　　　　　18mm
　　　　　　　　　　　　　间距：　　　　100mm
　　　　　　　　　　　　　数量：　　　　3 个
- 主轴端面至工作台端面的距离　　　　　　70mm
- 主轴中心线至床身垂直导轨距离　　　　　430mm
- 工作台侧面至床身垂直导轨距离　　　　　30～405mm
- 主轴转速范围　　　　　　　　　　　　　30～150r/min
- 主轴转速级数　　　　　　　　　　　　　18 级
- 工作台进给量　　　　　　纵向：　　　　10～1500mm/min
　　　　　　　　　　　　　横向：　　　　10～1500mm/min
　　　　　　　　　　　　　垂直：　　　　10～600mm/min
- 主电机功率　　　　　　　　　　　　　　7.5kW
- 进给电机功率　　　　　　X 向：　　　18N·m
　　　　　　　　　　　　　Y 向：　　　18N·m
　　　　　　　　　　　　　Z 向：　　　35N·m
- 最小设定单位　　　　　　　　　　　　　0.001mm
- 小数点的输入　　　　　　　　　　　　　可以输入带小数点的数值

第二节　数控铣床的主要结构

数控铣床与普通铣床相比，具有自动化程度高、加工精度高和生产效率高等优点。与之相适应，要求数控铣床的结构具有高刚度、高灵敏度、高抗振性、热变形小、高精度保持性好和高可靠性等特点。

数控铣床的主要结构包括主传动系统、进给传动系统、主轴部件、工作台和床身等。

一、数控铣床的主传动系统

为了保证加工时选用合理的切削速度，获得最佳的生产效率、加工精度和表面质量，主传动必须具有很宽的变速范围。目前，数控铣床的主传动变速方式主要有无级变速和分段无级变速两种。

1. 无级变速

无级变速是指主轴的转速直接由主轴电机的变速来实现，其配置方式通常有两种，如图3-2所示。

图3-2　数控铣床主传动无级变速配置方式

● 第一种是主轴电机通过带传动驱动主轴转动。这种传动方式在加工过程中，传动平稳、噪声小，但主轴输出转矩较小，因而主要用于小型数控铣床上。

● 第二种是主轴电机直接驱动主轴转动。这种传动方式大大简化了主轴箱与主轴的结构，有效地提高了主轴部件的刚度。这种传动方式同样存在主轴输出转矩小的缺点，且电动机的发热对主轴精度影响较大，所以它主要用于小型数控铣床。

无极变速的主轴电机一般采用直流主轴电机和交流主轴电机两种。直流主轴伺服电机的研制成功比较早，驱动技术成熟，使用比较普及；但存在电刷结构容易烧毁，必须定期维修。近年来，随着新一代高功率交流主轴电机的研制成功和交流变频技术的发展，加上交流主轴电机没有电刷结构、不产生火花、维护方便和使用寿命长等优点，使其应用更加广泛，逐渐成为数控铣床主传动系统的主要驱动元件。

2. 分段无级变速

在大中型数控铣床和部分要求强切削力的小型数控铣床中，单纯的无级变速方式已不能满足转矩的要求，于是就在无级变速的基础上，再增加齿轮变速机构，使之成为分段无级变速，如图3-3所示。

在分段无级变速主传动系统中，主轴的变速是由主轴电机的无级变速和齿轮机构的有级

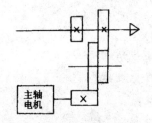

图3-3　数控铣床主传动分段无级变速配置方式

变速相配合实现的。采用这种变速方式的数控铣床在加工工件时，数控系统须有两类主轴速度指令信号，即控制主轴电机转速的指令信号和控制齿轮变速自动换挡的执行机构的指令信号。自动换挡执行机构通常有液压拨叉换挡机构和电磁离合器换挡机构。液压拨叉换挡是一种用一只或几只液压缸带动齿轮移动的变速机构，一般需在主轴停止转动的情况下换挡，系统结构也较为复杂。电磁离合器换挡机构是应用电磁效应接通或切断变速元件实现换挡的一种机构，其换挡过程无须停机，容易实现自动操作。

小锦囊

数控铣床主传动系统的特点

数控铣床的主传动是指产生主切削力的传动运动，其主传动系统包括主传动装置和主轴部件。它与普通机床相比具有以下特点：

- 采用直流或交流调速电机驱动，以满足主轴根据数控指令进行自动变速的需要；
- 转速高、调速范围广，使数控铣床获得最佳切削效率、加工精度和表面质量；
- 功率大，满足数控铣床强力的切削要求；
- 中间变速机构更加简单，简化了主传动系统机械结构，减小了主轴箱的体积；
- 主轴转速变换迅速平稳。

二、数控铣床的进给传动系统

1. 齿轮传动副

进给系统采用齿轮传动装置，主要是使高转速、低转矩的伺服电机的输出变为低转速、大转矩，以适应驱动执行元件的需要。有时也只是为了考虑机械结构位置的布局。少数小型数控铣床进给机构采取电机主轴与滚珠丝杆通过联轴器直接连接的方式，就没有了齿轮传动这一中间环节。

数控铣床进给机构中实现齿轮减速的方式有圆柱齿轮副、锥齿轮副、蜗杆蜗轮副、同步齿形带等，其中最常用的就是圆柱齿轮副。同步齿形带传动是一种新型传动方式，它既有啮合传动的传动效率高的特点，又有带传动的工作平稳、噪声小的优点。因此，在大中型的数控铣床中，同步齿形带传动的应用逐渐增多。

由于齿轮的制造存在误差，因此齿轮传动副中总存在间隙。常用的调整法有偏心轴套调整法、轴向垫片调整法、轴向压簧调整法和轴向弹簧调整法。具体做法在第一章中作过介绍，这里不再赘述。

2. 滚珠丝杆螺母副

滚珠丝杆螺母副是在丝杆螺母副的基础上发展起来的，是一种将回转运动转变为直线运动的新型理想传动装置。由于滚珠丝杆螺母副具有传动效率高、摩擦力小、使用寿命长等优点，因此数控铣床进给机构中普遍采用这种结构。滚珠丝杆螺母副在应用中同样要进行间隙调整，下面主要介绍其支承形式和制动方式。

（1）滚珠丝杆的支承　在滚珠丝杆螺母副本身刚度一定的情况下，提高其支承刚度可以提高整个进给传动系统的传动刚度，以满足数控铣床的加工需要。根据支承情况和使用轴承的不同，常用的支承方式可分为如图 3-4 所示的 4 种。

图 3-4（a）为一端装止推轴承、一端自由。这种支承方式承载能力小，轴向刚度低，大多出现在小型数控铣床的垂直坐标的进给传动系统中。

图 3-4（b）为一端装止推轴承，另一端装向心球轴承。这种支承方式适用于丝杆较长的场合，如数控铣床工作台横向和纵向的进给传动。

图 3-4（c）为两端装止推轴承。这种支承方式有助于提高传动刚度，但对丝杆热伸长较为敏感。

图 3-4（d）两端装止推轴承及向心球轴承。这种结构方式可使丝杆的热变形转化为止

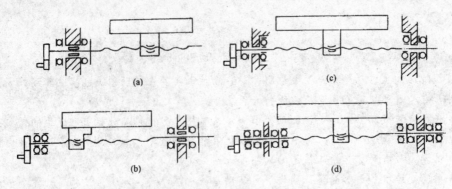

图 3-4 数控铣床滚珠丝杆支承形式

推轴承的预紧力，因而具有较大的刚度。

（2）制动装置　由于滚珠丝杆螺母副传动效率高，无自锁作用，故必须配备制动装置；特别是滚珠丝杆用于主轴箱和工作台的上下传动时，制动装置就显得更为重要。

图 3-5 为某数控卧式铣床主轴箱进给丝杆的制动装置示意图。当主轴箱需移动时，电磁铁线圈 1 通电吸住压簧 2，打开摩擦离合器 3，在伺服电机的作用下，丝杆转动，带动主轴箱移动。当伺服电机停止转动时，电磁铁线圈同时断电，在弹簧作用下摩擦离合器压紧，使得滚珠丝杆不能转动，主轴箱就不会因自重而下沉。

3. 导轨

导轨主要是对运动部件起支承和导向作用。对于数控铣床来讲，由于加工精度越高，对导轨要求就越严格。目前数控铣床采用的导轨主要有塑料滑动导轨、滚动导轨和静压导轨三种类型，其中又以塑料导轨居多。

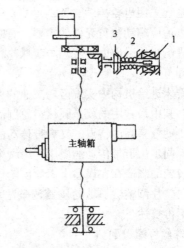

图 3-5　数控卧式铣床主轴箱进给丝杆制动装置示意图
1—电磁铁线圈；2—压簧；3—摩擦离合器

数控铣床进给传动系统的性能要求

数控铣床进给传动系统是把进给伺服电机的旋转运动转变为工作台或刀架的直线运动的机械结构。大部分数控铣床的进给传动系统都包括齿轮传动副、滚珠丝杆螺母副以及导轨等。这些机构的刚度、传动精度、灵敏度和稳定性等都直接影响工件的加工精度，因此对进给传动系统有着以下这些要求。

- 高传动刚度　缩短传动链，合理选择丝杆尺寸，对丝杆螺母副及支承部件进行适当预紧，可以提高系统传动刚度。
- 低摩擦　要使传动系统运动更加平稳、响应更快，必须尽可能降低传动部件及支承部件的摩擦力。

● 小惯量 进给机构的传动惯量大，会导致系统的动态性能变差，故要求减小惯量。

● 小间隙 间隙大会造成进给系统的反向死区，影响加工位移精度。

三、数控铣床主轴部件

主轴部件是数控铣床的关键部件，它包括主轴、主轴的支承、主轴端部结构等。主轴部件质量的好坏直接影响加工质量。不管哪类数控铣床，其主轴部件都应满足部件的结构刚度和抗振性、主轴的回转精度、热稳定性、耐磨性和精度保持能力等几个方面的要求。

1. 主轴的支承形式

数控铣床主轴的支承形式即主轴轴承的配置形式，主要有三种，如图3-6所示。

● 前支承采用圆锥孔双列圆柱滚子轴承和60°角接触双列向心推力球轴承组合，后支承采用成对角接触球轴承，见图3-6（a）。这种配合形式能使主轴获得较大的径向和轴向刚度，满足铣床强力切削的要求，是数控铣床中普遍使用的配置形式。这种配置后支承也可采用圆柱滚子轴承，进一步提高支承径向刚度。

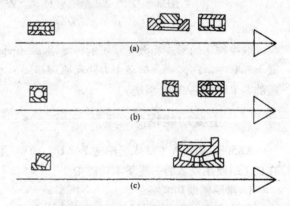

● 前支承采用高精度双列角接触球轴承，见图3-6（b）。这种配置形式具有较好的高速性能，但承载能力小，适用于高速、轻载和精密的数控铣床。

图3-6　数控铣床主轴支承形式

● 前支承采用双列圆锥滚子轴承，后支承采用圆锥滚子轴承，见图3-6（c）。这种配置方式能够承受较大的径向和轴向力，能使主轴承受较重载荷，且安装和调整性能好。这种配置方式限制了主轴的最高转速和精度，适用于中等精度、低速重载的数控铣床。

2. 主轴端部结构形状

数控铣床主轴端部主要用于安装刀具。在设计要求上，应能保证定位准确、安装可靠、连接牢固、装卸方便，且能传递足够的转矩。早期的数控铣床主轴端部结构较简单，刀具装上后靠人工锁紧，装卸比较麻烦；随着加工中心的出现，对主轴端部结构要求的提高，数控铣床主轴端部的结构也逐渐改变，并形成标准化，其基本结构如图3-7所示。

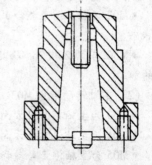

在这种结构中，铣刀预先固定于标准锥柄刀夹中，装刀时，锥柄刀夹在前端7∶24的锥孔内定位，并用拉杆从主轴后端拉紧，由前端的端面键传递转矩。拉杆的拉紧和放松由按钮开关控制，刀具的装卸十分方便。

图3-7　数控铣床主轴端部结构

四、工作台

工作台是数控机床的重要部件，其形式尺寸往往体现了数控机床的规格和性能。数控铣床一般采用上表面带有 T 形槽矩形工作台。T 形槽主要用来协助装夹工件，不同工作台的 T 形槽的深度和宽度不一定一样。数控铣床工作台的四周往往带有凹槽，以便于冷却液的回流和金属屑的清除。

对于某些卧式数控铣床还附带分度工作台或数控回转工作台。分度工作台一般都用 T 形螺钉紧固在铣床的工作台上，可使工件回转一定角度。数控回转工作台主要出现在多坐标控制的卧式数控铣床中，其分度工作由数控指令控制完成，增加了铣床的自动化程度。

第三节　数控铣床主要功能指令及坐标系

数控铣床的形式和数控系统的种类很多，不同公司生产的数控系统在功能指令和编程形式上都有一定的区别，但基本方法和原理相同。本节参考机床为 XK5032 立式数控铣床（所配的是 FANUC-0MC 系统）。

一、主要功能指令

XK5032 立式数控铣床所配的 FANUC-0MC 系统提供的功能指令比较多，这里主要介绍在加工中使用较多的一些基本功能指令。

1. 常用辅助功能指令

辅助功能也称为 M 功能，主要用来指令辅助动作及状态。辅助功能指令由 M 代码及其后面的数字组成。

（1）程序停止指令 M00、M01、M02、M30

● M00 为程序停止指令。执行该指令后，主轴的转动、所有进给、切削液都将停止。重新启动机床后，继续执行后面的程序。

● M01 为程序选择停止指令。只有在按下控制面板上的"选择停止"键后，该指令才有效。执行该指令后，程序停止（与 M00 相似）；按动"启动"键，继续执行后面的程序。

● M02 为程序结束指令，编于程序最后。执行该指令后，所有动作停止，机床处于复位状态。

● M30 与 M02 相似，除具有 M02 功能外，还将返回程序的第一条指令，以便下一个工件的加工。

（2）主轴转动指令 M03、M04、M05

● M03 为主轴顺时针方向旋转指令（正转）。

● M04 为主轴逆时针方向旋转指令（反转）。

● M05 为主轴停止转动指令。

（3）冷却液状态指令 M08、M09

● M08 指令打开冷却液。

● M09 指令关闭冷却液。

（4）子程序调用指令 M98、M99

● M98 放在主程序中，用来调用子程序。其格式为：M98 P ___。P 后面为 8 位数字，前 4 位为调用次数，后 4 位为子程序号。当调用次数为 1 时，调用次数可省略。例如，M98 P0003 1000。表示调用 1000 号子程序 3 次。M98 P1000 表示调用 1000 号子程序 1 次。

● M99 放在子程序的最后，用来返回主程序的相应程序段。当 M99 后面不跟任何代码时，返回调用程序的后一程序段。当格式为 M99 P ___时，返回到由 P ___指定的程序段，P 后面的数字为程序段号。

M99 指令还可单独在主程序中使用。当 M99 后面不跟任何代码时，返回主程序的开头。当格式为（/）M99 P ___时，跳到由 P ___指定的程序段。有"/"号，表示只有在打开"选择开关"时，该指令才起作用。

2. 绝对尺寸指令和增量尺寸指令

数控编程中，坐标移动量的给出有下述两种方式。

（1）绝对尺寸方式 在该方式下，程序段中的尺寸字为绝对坐标值，即相对于工件零点的坐标值。绝对尺寸指令为 G90。

（2）增量尺寸方式 在该方式下，程序段中的尺寸字为增量坐标值，即相对前一工作点的增量值。增量尺寸指令为 G91。

假设设定一个工件坐标系，如图 3-8 所示，现要使刀具从 A 点快速移动到 B 点，则用两种指令编程分别如下：

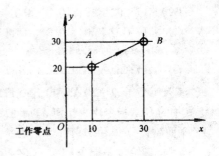

图 3-8　绝对方式和增量方式的使用

● 绝对尺寸方式：G90 G00 X30 Y30

● 增量尺寸方式：G91 G00 X20 Y10

在实际编程中，用 G90 还是 G91 并无特殊规定，可以根据给定的零件的已知条件选择。

3. 基本进给指令

（1）快速进给指令 G00 该指令一般格式为：G00 X ___ Y ___ Z ___

执行该指令时，刀具将以最快的进给速度移到给定的 X ___ Y ___ Z ___点。此最快进给速度不需指定，属于系统默认值，可预先通过系统参数调整。

当采用 G90 时，X ___、Y ___、Z ___为目标点相对工件零点的坐标值。当采用 G91 时，X ___、Y ___、Z ___为目标点相对刀具当前位置点的增量值。

（2）直线进给指令 G01 该指令一般格式为：G01 X ___ Y ___ Z ___ F ___其中，F 为进给速度，单位是 mm/min。执行该段程序时，刀具以 F 所给定的进给速度从刀具当前点（直线起点）向目标点（直线终点）（X ___，Y ___，Z ___）直线进给。

当采用 G90 时，X ___、Y ___、Z ___为直线终点相对工件零点的坐标值。当采用 G91 时，X ___、Y ___、Z ___为直线终点相对直线起点的坐标值。

（3）圆弧进给指令 G02、G03 圆弧进给一般格式为：

● 在 XY 平面内：(G17) $\begin{Bmatrix} G02 \\ G03 \end{Bmatrix}$ X ___ Y ___ $\begin{Bmatrix} I ___ & J ___ \\ R ___ & \end{Bmatrix}$ F ___

● 在 XZ 平面内：(G18) $\begin{Bmatrix} G02 \\ G03 \end{Bmatrix}$ X ___ Z ___ $\begin{Bmatrix} I ___ & K ___ \\ R ___ & \end{Bmatrix}$ F ___

● 在 YZ 平面内：（G19） $\left\{\begin{array}{c}G02\\G03\end{array}\right\}$ Y __ Z __ $\left\{\begin{array}{c}J \underline{\quad} K \underline{\quad}\\R \underline{\quad}\end{array}\right\}$ F __

G02 指令为按顺时针方向圆弧进给，G03 指令为按逆时针方向圆弧进给。当采用 G90 时，X __、Y __、Z __是圆弧终点相对工件零点的坐标值。当采用 G91 时，X __、Y __、Z __为圆弧终点相对圆弧起点的坐标值。

I __、J __、K __为圆弧的圆心坐标值，不论在 G90 还是在 G91 中，它们都是圆心点相对圆弧起点的增量值。其中 I 与 X 对应，J 与 Y 对应，K 与 Z 对应。

R __为圆弧半径。当圆弧所夹圆心角超过 180° 时，R 值为负，其他情况为正。当圆弧为整圆时，不能用 R，只能用 I，J，K。

例如，顺时针加工 XY 平面内的某圆弧，如图 3-9 所示，则可编程如下：

● 绝对方式：

G90 G17 G02 X60 Y10 I − 30 J − 40 F150

或　G90 G17 G02 X60 Y10 R50 F150

● 增量方式：

G91 G17 G02 X20 Y − 40 I − 30 J − 40 F150

或　G91 G17 G02 X20 Y − 40 R50 F150

上式中的 G17 指令用来指定 XY 平面，当加工表面为 XZ 或 YZ 平面时，分别用 G18 和 G19 指令。

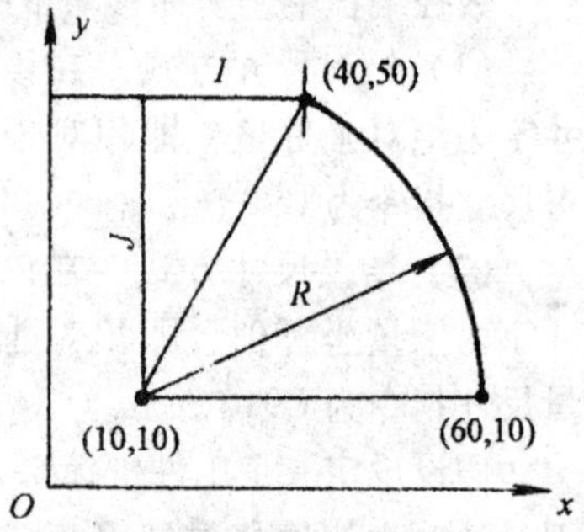

（4）进给暂停指令 G04　G04 指令可使进给暂停，刀具在某点停留一段时间后再执行下一段程序。其格式为：

　　　G04 X __ 或 G04 P __

X __、P __均为指定进给暂停时间。两者区别为：X 后面的数值可带小数点，单位为 s；P 后面的数值不能带小数点，单位为 ms。例如，要使刀具暂停 3.5s，可用 G04 X3.5 或 G04 P3500。

4. 补偿指令

（1）刀具半径补偿指令 G40、G41、G42　数控铣床在加工零件时，由于刀具半径的存在，刀具中心轨迹必须与零件轮廓轨迹偏离一个刀具半径 R，才能得到所需的轮廓。刀具半径补偿方向有两个，沿刀具进给方向看，刀具中心在零件轮廓的左侧称为左刀补，右侧称为右刀补。

● G41 为左刀补指令，G42 为右刀补指令。它们的一般格式如下：

G41 （G42） G01 X __ Y __ D __

其中 D __为刀具号，存有预先由 MDI 方式输入的刀具半径补偿值。

● G40 为取消刀补指令，一般格式为：G40 G01 X __ Y __

刀补指令使用时应注意：G40 必须与 G41 或 G42 成对使用；从无刀补状态进入刀补状态的转换过程必须用 C00 或 G01 直线移动指令，不能用 G02 和 G03；刀补撤销时也要用 C00 或 G01。

（2）刀具长度补偿指令 G43、G44、G49　刀具长度补偿是刀具轴向（ Z 方向）的补偿，它使刀具在 Z 方向上的实际坐标值比程序给定值增加或减少一个偏移量。坐标值增加为正补偿，坐标值减少为负补偿。

● G43 为正补偿指令，G44 为负补偿指令。它们的一般格式为：

图 3-9　圆弧插补

G43（G44）G01 Z ___ H ___

其中 H ___ 为刀具号，存有预先由 MDI 方式输入的刀具长度补偿值。

● G49 为取消刀具长度补偿指令，一般格式为：

G49 G01 Z ___

5. 固定循环指令

固定循环功能是用一个特定的 G 指令代替某个典型加工中几个固定、连续的动作，使加工程序简化。固定循环主要用于孔加工，通常包括以下六个基本动作（如图 3-10 所示）。

● 动作一——X、Y 轴快速定位（初始点）；

● 动作二——快速移到 R 点；

● 动作三——以切削进给的方式进行孔加工；

● 动作四——执行孔底动作（包括暂停、刀具移位等）；

● 动作五——返回到 R 点；

● 动作六——快速返回到初始点。

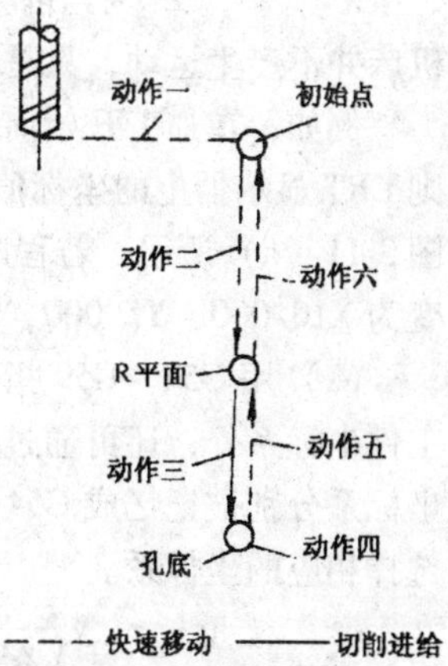

固定循环的一般格式为：

G98（G99）G ___ X ___ Y ___ Z ___ R ___ Q ___ P ___ L ___

G98 和 G99 用来指定刀具返回点位置，G98 指令返回初始点，G99 返回 R 点；G ___ 为孔加工固定循环方式，本系统的孔加工固定循环方式主要有深孔钻削循环（G73）、攻螺纹循环（G74）、定点钻孔循环（G81）、精镗孔（G85）和镗孔（G86）。

X ___、Y ___ 为初始点坐标值；Z ___ 为孔底的坐标值，当采用增量方式时为相对 R 点的增量值；R ___ 为 R 点的 Z 坐标值，当采用增量方式时为相对初始点的增量值；Q ___ 为每次切削深度；P ___ 为孔底停留时间；F ___ 为切削进给速度；L ___ 为循环次数，当写作 L0 时，只存入加工数据，不作加工，当不写 L 时，循环次数默认为 1。

当想结束固定循环时，可用 G80 指令。使用 G80 指令后，从 G80 的下一程序段开始执行一般的 G 进给指令。

图 3-10　固定循环

二、数控铣床的坐标系

1. 机床坐标系

机床坐标系是机床上固有的坐标系，并设有固定的零点（称为机械零点），它由厂家在生产机床时确定。

XK5032 立式数控铣床机床坐标系的设定符合 ISO 规定，即以机床主轴轴线方向为 Z 轴，刀具远离工件的方向为 Z 轴正方向；X 轴规定为水平平行于工件装夹表面，人在工作台前，面对主轴，右方向为 X 轴的正方向；Y 轴垂直于 X，Z 坐标轴，其正方向根据笛卡儿坐标系右手定则确定。

2. 工件坐标系

工件坐标系是用来确定工件几何形体上各要素的位置而设置的坐标系，工件坐标系的原点即为工件零点。工件零点的位置是任意的，它是由编程人员在编制程序时根据零件的特点选定的。

3. 工件坐标系的设定

工件坐标系的设定是进行编程计算的第一步，应当根据不同的加工要求和编程的方便性进行恰当的选择。

（1）用 G92 指令设定工件坐标系　G92 指令通常出现在程序的第一段。设定起始工件坐标系，也可出现在程序段中，以重新设定工件坐标系。

其编程格式为：G92 X_ Y_ Z_

X_、Y_、Z_为当前刀位点在新建工件坐标系中的初始位置。数控系统执行该指令时，机床并不产生运动，只是把坐标设定值送入内存。

例如，在加工开始前，将刀具置于一个合适的位置，执行程序的第一段：G92 X0 Y0 Z0 则 CRT 显示器上的坐标值就会相应变为 X0.000，Y0.000，Z0.000，所建立的工件坐标系如图 3-11（a）所示。若程序的第一段为：G92 X10 Y5 Z5 则 CRT 显示器上的坐标值就会相应变为 X10.000，Y5.000，Z5.000，所建立的工件坐标系如图 3-11（b）所示。

（2）用 G54～G59 指令设定工件坐标系　XK5032 立式数控铣床除了可用 G92 指令设定工件坐标系外，还可通过 CRT/MDI 在参数设置方式下设定 6 个不同的工件坐标系。这 6 个坐标系分别被记忆成 G54、G55、G56、G57、G58、G59，在加工工件时通过 G54～G59 指令选择相应的坐标系。

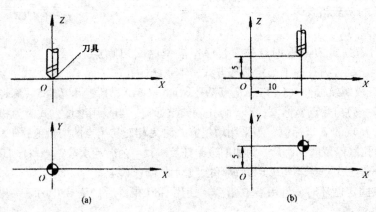

图 3-11　工件坐标系

如图 3-12 所示，在参数设置方式下设定了 G54、G56 两个工件坐标系：

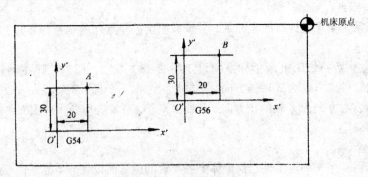

图 3-12　工作坐标系的使用

- G54 X－100 Y－200 Z0
- G56 X－50 Y－50 Z0

这时，如果执行了程序：G90 G54 G00 X20 Y30 Z0，刀具就会向预先设定的 G54 坐标系中的 A 点（20，30，0）处移动。同样，如果执行了 G90 G56 G00 X20 Y30 Z0，刀具就会向预先设定的 G56 坐标系中的 B 点（20，30，0）处移动。

G92 指令与 G54～G59 指令在使用中区别如下：G92 指令是通过程序来设定工件加工程序的，其设定的坐标原点与当前刀具所在的位置有关；G54～G59 指令是通过 CRT/MDI 在参数设置方式下设定工件坐标系的，其设定的坐标原点与刀具当前位置无关。G92 指令程序段只是设定加工坐标系，不产生任何移动；G54～G59 指令可以和 G00 等指令组合在相应的工件坐标系中进行位移。

第四节　编程实例

上一节已经对 XK5032 立式数控铣床的主要功能指令作了简要的说明。这一节里，通过举例编写中等复杂程度零件的加工程序，进一步掌握各指令功能的使用方法。

一、平面凸轮的数控铣削

平面凸轮如图 3-13 所示。

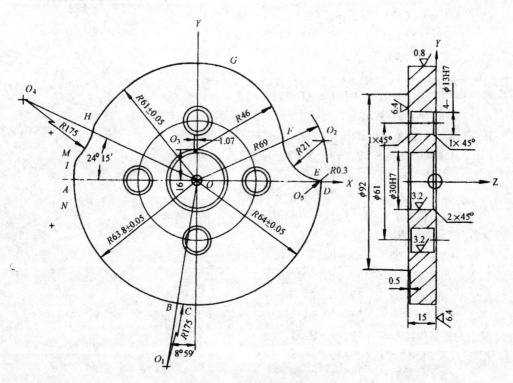

图 3-13　凸轮零件图

1. 编程准备

（1）工件定位与夹紧　已知该平面凸轮上下表面及各孔均已加工，只要加工其由几段圆弧构成的轮廓，故以一个端面和 $\phi30H7$ 内孔作为主要定位面，在一个 $\phi13$ 连接孔内增加削边销，在另一端面上用螺母垫圈压紧。

（2）刀具选择 从图上可知，构成此零件外轮廓的内凹圆弧段的最小半径为 21mm，故要选用直径小于 42mm 的刀具，其他则无特殊要求。这里，考虑工件的整体尺寸不是很大，可选用 $\phi16$ 的立铣刀进行加工。刀具半径补偿量 $R8$ 加工前由 MDI 方式存入 D02 刀具号。

（3）确定工件原点和加工路线 因为孔是设计和定位的基准，所以工件零点选在孔中心轴线与上端面的交点上，这比较容易确定刀具中心与工件的相对位置。例如把千分表固定在主轴上，使表的测头触到夹具的定位销外圆或工件内孔壁上，旋转主轴，即可将主轴与工件找正至同心。对刀点选在工件零点正上方 40mm 处，加工开始点位于第二象限，采用逆时针方向加工该零件，加工路线为：对刀点→加工开始点→下刀点→切入外延点→A→B→C→D→E→F→G→H→I→A→切出外延点→退刀点→抬刀点。

（4）计算各基点坐标

O_1 点：$X = -(175+63.8)\sin8°059'7 = -37.28$

$\qquad Y = -(175+63.8)\cos8°59' = -235.86$

O_2 点：$X^2 + Y^2 = 69^2$

$\qquad (X-64)^2 + Y^2 = 21^2$

联立两式解得：$X = 65.75$，$Y = 20.93$

O_4 点：$X = -(175+61)\cos24°15'7 = -215.18$

$\qquad Y = (175+61)\sin24°15' = 96.93$

O_5 点：$X^2 + Y^2 = 63.72$

$(X-65.75)^2 + (Y-20.93)^2 = 21.30^2$

联立两式解得：$X = 63.70$，$Y = -0.27$

A 点：$X = -63.8$，$Y = 0$

B 点：$X = -63.8\sin8°59' = -9.96$

$\qquad Y = -63.8\cos8°59'7 = -63.02$

C 点：$X^2 + Y^2 = 64^2$

$\qquad (X+37.28)^2 + (Y+235.86)^2 = 1752$

联立两式解得：$X = -5.57$，$Y = -63.76$

D 点：$X^2 + Y^2 = 64^2$

$\qquad (X-63.70)^2 + (Y+0.27)^2 = 0.3^2$

联立两式解得：$X = 63.99$，$Y = -0.28$

E 点：$(X-63.70)^2 + (Y+0.27)^2 = 0.3^2$

$\qquad (X-65.75)^2 + (Y-20.93)^2 = 21.30^2$

联立两式解得：$X = 63.72$，$Y = 0.03$

F 点：$(X+1.07)^2 + (Y-16)^2 = 46^2$

$\qquad (X-65.75)^2 + (Y-20.93)^2 = 21.30^2$

联立两式解得：$X = 44.79$，$Y = 19.60$

G 点：$X^2 + Y^2 = 61^2$

$\qquad (X+1.07)^2 + (Y-16)^2 = 46^2$

联立两式解得：$X = 14.79$，$Y = 59.18$

H 点：$X = -61\cos24°15' = -55.62$

$\quad\quad\ Y = 61\sin24°15' = 25.05$

I 点：$X^2 + Y^2 = 63.80^2$

$\quad\quad (X + 215.18)^2 + (Y - 96.93)^2 = 175^2$

联立两式解得：$X = -63.02$，$Y = 9.97$

2. 编制程序

```
O 0003
N05  G54 X0 Y0 Z40.；                进入工件坐标系
N10  G90 G00 X - 73.8 Y20.；         快速移到加工开始点
N15  Z0；                            快速下刀至工件上表面高度
N20  C01 Z - 16 F300 S330 M03；      以 300mm/min 的进给速度下刀至下刀点
N25  G42 G01 X - 63.8 Y5 F100 1302；  启动右刀补，进刀至切入外延点 M
     Y0；                            切向进刀至 4 点
N30  G03 X - 9.96 Y - 63.02 R63.8；   加工 AB 段圆弧
N35  G02 X - 5.57 Y - 63.76 R175：   加工 BC 段圆弧
N40  G03 X63.99 Y - 0.28 R64；       加工 CD 段圆弧
N45  X63.72 Y0.03 R0.3；             加工 DE 段圆弧
N50  G02 X44.79 Y19.6 R21；          加工 EF 段圆弧
N55  G03 X14.79 Y59.18 R46；         加工 FG 段圆弧
N60  X - 55.26 Y25.05 R61；          加工 GH 段圆弧
N65  G02 X - 63.02 Y9.97 R175；      加工 HI 段圆弧
N70  G03 X - 63.80 Y0 R63.8；        加工 IA 段圆弧
     G01 Y - 5；                     切向退刀至外延点 N
N75  G01 G40 X - 73.8 Y - 10；       退刀，取消刀补
N80  G00 Z40；                       快速抬刀
N85  X0 Y0；                         返回对刀点
N90  M30；                           程序结束
```

二、盖板零件的数控铣削

盖板零件如图 3-14 所示。

1. 编程准备

（1）工件定位与夹紧　已知该盖板零件的毛坯尺寸为 $180mm \times 90mm \times 10mm$，板上各孔已经在其他机床上加工完，要求加工该零件的外形轮廓。故铣削时可以取一个底面和两个 $\phi10H8$ 的孔进行定位然后通过 $\phi60$ 孔把零件压紧。

（2）刀具选择　该零件外形主要由一些直线和圆弧连接而成，转角之处无特殊要求，故刀具的选择范围较大。考虑该零件毛坯各边余量为 5mm，这里选用 $\phi10mm$ 的立铣刀进行加工。刀具半径补偿量 $R = 5mm$ 加工前由 MDI 方式存人 D01 刀具号。

（3）确定工件原点和加工路线　如图 3-15 所示，考虑编程和加工方便，选取 A 点为工件原点。又因为 $\phi10H8$ 孔为定位孔，故对刀点选在左边 $\phi10H8$ 孔中心线上，相对于工件原点的坐标为（20，20，30）。刀具从 A 点切入，沿工件轮廓顺时针加工，加工路线为：对刀

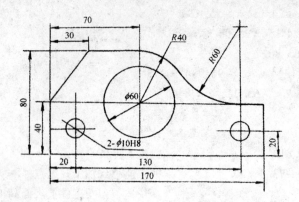

图 3-14　盖板零件图

点→开始点 1→下刀点 2→3→B→C→D→E→F→G→H→I→下刀点 2→开始点 1。其中开始点 1 （-30，-30，30），下刀点 （-30，-30，-14）。I 点是为了保证 A 直角处的加工完整性而设定的，可设 3 点坐标为 （0，-10，-14），I 点坐标为 （-10，0，-14）。

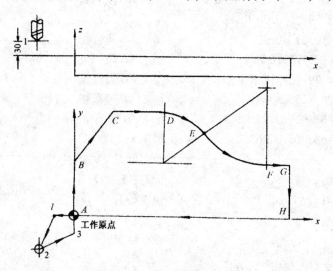

图 3-15　工件原点及加工路线

（4）计算各基点坐标　从已知尺寸关系可较为容易地计算出该零件各基点相对工件零点的坐标如下：

A （0，0）、B （0，40）、C （30，80）、D （70，80）、E （102，64）、F （150，40）、G （170，40）、H （170，0）

2. 编制程序

O 0001

N00 G54 X20 Y20 Z30；　　　　　　　　　设定工件坐标系，刀具当前点为对刀点

N05 G90 G00 X-30 Y-30；　　　　　　　　快速移到开始点

N10 Z-14 S500 M03；　　　　　　　　　　主轴正转，转速为500r/min，下刀至下刀点

N15 G41 G01 X0 Y-10 F100 1301 M08；　　启动左刀补，切入零件至3点，冷却液开

N20 Y40;	切削 *AB* 段直线
N25 X30 Y80;	切削 *BC* 段直线
N30 X70;	切削 *CD* 段直线
N35 G02 X102 Y64 R40;	切削 *DE* 段圆弧
N40 G03 X150 Y40 R60;	切削 *EF* 段圆弧
N45 G01 X170;	切削 *FG* 段直线
N50 Y0;	切削 *GH* 段直线
N55 X - 10;	切削 *HA* 段直线
N60 G40 G00 X - 30 Y - 30 M09;	取消刀补，关冷却液
N65 Z30;	抬刀
N70 M30;	主程序结束

上面程序整个过程都是按照绝对尺寸方式编程的，若按增量方式编程，则程序如下：
O 0002

N00 G92 X20 Y20 Z30;	设定工件坐标系，刀具当前点为初始点
N05 G91 G00 X - 50 Y - 50;	快速移到开始点
N10 G91 G00 Z - 44 S500 M03;	主轴正转，下刀至下刀点
N15 G41 G01 X30 Y20 F100 D01 M08;	启动左刀补，切入零件至3点，冷却液开
N20 Y50;	切削 *AB* 段直线
N25 X30 Y40;	切削 *BC* 段直线
N30 X40;	切削 *CD* 段直线
N35 G02 X32 Y - 16 R40;	切削 *DE* 段圆弧
N40 G03 X48 Y - 24 R60;	切削 *EF* 段圆弧
N45 G01 X20;	切削 *FG* 段直线
N50 Y - 40;	切削 *GH* 段直线
N55 X - 180;	切削 *HA* 段直线
N60 G40 G00 X - 20 Y - 30 M09;	取消刀补，关冷却液
N65 Z44;	抬刀，回到初始点
N70 M30;	主程序结束

每章一练

1. 简述数控铣床的分类及特点。
2. 数控铣床具有哪些功能？
3. 简述数控铣床主传动系统的特点。
4. 用绝对坐标方式编程时，不首先设定工件坐标系可以吗？为什么？
5. 分别用绝对方式和增量方式编写在数控铣床上铣削图3-16中法兰外廓面A的程序。

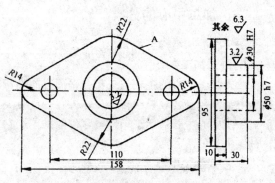

图3-16 法兰

第四章 加工中心编程与操作

本章概述

　　加工中心是由机械设备与数控系统组成的适用于加工复杂零件的高效率自动化机床。铣削加工中心是由数控铣床发展而来的，与数控铣床相比，最大的区别是：加工中心具有自动交换刀具的功能，在刀库上安装各种不同用途的刀具，可在一次装夹中经自动换刀装置，改变主轴上的加工刀具，从而实现铣、钻、镗、铰、攻螺纹、切槽等多种加工功能。

教学目标

　　1. 熟悉加工中心基础知识及常用编程方法。
　　2. 掌握加工中心基本操作。

* * * * * * * * * * *

第一节　加工中心基础知识

　　加工中心是具有良好的加工一致性和经济效益。它与单机操作方式相比，能排除在很长的工艺流程中许多人为的干扰因素，具有较高的生产效率和质量稳定性。一个程序在计算机控制下反复使用，保证了加工零件的一致性和互换性。同时，由于工序集中及自动换刀，零件在一次装夹后完成有精度要求的铣、镗、钻、铰、攻螺纹等复合加工。

一、加工中心的分类

　　加工中心从结构上可分为以下三类：
　　1. 卧式加工中心
　　卧式加工中心的主轴与工作台平面方向平行，它的工作台主要有分度的回转工作台或由伺服电动机控制的数控回转台，零件在一次装夹中，通过工作台旋转可实现多个面的加工。卧式加工中心主要适用于箱体类零件的加工。它是加工中心中种类最多、规格最全、应用最广的一种。
　　2. 立式加工中心
　　立式加工中心的主轴垂直于工作台，主要适用于加工板材类、壳体类零件，也可用于模具的型腔及外轮廓的加工。本章主要介绍 XH713 立式加工中心的编程和操作功能。图 4-1

所示为 XH713 立式加工中心外形图。它具有 X、Y、Z、A（或 C）四轴联动功能。将回转工作台轴线与 X 轴平行安装，可组成 X、Y、Z、A 四轴；若与 Z 轴平行安装，则组成 X、Y、Z、C 四轴。如图 4-2、图 4-3 所示。

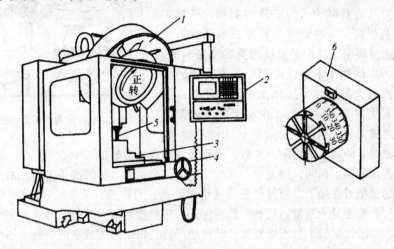

图 4-1 XH713 立式加工中心
1—刀库；2—控制面板；3—工作台；4—手轮；5—刀具主轴；6—回转工作台

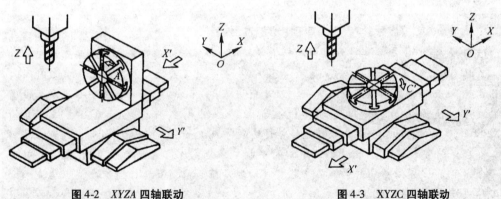

图 4-2 XYZA 四轴联动　　　　　　**图 4-3 XYZC 四轴联动**

X′Y′—工作台直线进给运动坐标轴；
Z—刀具主轴直线进给运动坐标轴；
A′—回转台绕 X 轴作回转进给运动坐标轴

3. 复合加工中心

复合加工中心主要是指在一台加工中心上有立、卧两个主轴或主轴可 90°改变位置的，即由立式改为卧式或由卧式改为立式。主轴自动回转后，可实现 5 个面的加工。这种加工中心也可以通过数控回转台的转动来改变主轴与加工面的位置，从而达到加工复杂零件的目的。图 4-4 所示为 MAHO 公司的可倾斜数控回转台，既可绕垂直轴作 360°旋转，也可绕水平轴摆动。复合加工中心主要适用于加工外形复杂的零件，如加工螺旋桨叶片和复杂模具。

二、加工中心的加工范围

加工中心的加工范围主要取决于刀库容量和加工批量。刀库是多工序集中加工的基本条件。在刀库中，刀柄的存储量有 10 ~ 40、60、80、100、120 等多种规格，有些柔性制造单元配有中央刀库，可以储存上千把刀具。

　　刀库中刀具容量越大，加工范围就越广，加工的柔性程度就越高。一些常用刀具可长期装在刀库上，需要时随时调用，减少了更换刀具的准备时间。具有大容量刀库的加工中心，可实现多种工件的混流加工，从而最大限度地发挥加工中心的优势。但如果长期在有大容量刀库的加工中心上加工较简单的零件，会造成刀具大量闲置，降低机床使用效率。

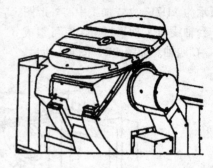

图4-4　MAHO 公司的可倾斜数控回转台

因此，必须根据零件加工所用的刀具数，选择合适刀具容量的加工中心。

　　与数控铣床的加工相同，加工中心在加工之前也必须做大量的准备工作。由于加工中心上用于加工的每把刀在加工之前都要进行调整（测量、刀具参数设置），首件试切削后还要通过对工件尺寸的测量来调整刀具的参数，保证加工质量，所以准备时间大大多于单件加工时间。因而，一般批量较小且不重复生产的简单零件，由于加工成本的提高不适合在加工中心上加工。

加工中心的发展趋势

　　随着新技术的大量应用，加工中心的主轴转速、快速移动速度和加工进给速度大大提高，刀具交换时间大大缩短，例如巨浪（Chiron）公司的高效立式加工中心，换刀时间达到0.8 s，从上一把刀切削完成到下一把刀开始切削只需1.9 s。同时加工中心正向高精度方向发展，使工件加工精度逐渐接近坐标镗床，例如瑞士迪克西（DIXI）公司的DIXI280TCA 型精密加工中心，坐标定位精度达到每500 mm 行程±0.003mm，B 坐标（回转工作台）精度达到3″。此外加工中心的功能越来越完善，例如德国 WERNER 公司的TC 系列卧式加工中心，采用主轴功率监控、切削负荷监控、刀具长度监控、声纳技术检测刀具破损情况、气动吹洁刀具锥柄等新技术，使加工中心的使用更加安全可靠。

第二节　加工中心常用的编程方法

一、孔系加工

　　由于加工中心具有换刀功能，所以零件一次装夹可同时完成钻、扩、铰、镗等加工，满足复杂孔的加工要求。对孔系的单一加工要求和复杂加工要求，也能很方便地得到满足。为了简化编程，数控系统具有用户宏指令功能。OKUMA 系统的用户宏指令功能包括转移、变量、数学三大功能。

1. 变量功能

　　变量功能可将程序中的指令数值写成变量形式，使程序更灵活，更具通用性。通过给变量赋不同的数值，可用同一程序加工形状类似、大小各异的许多零件。变量可分为公共变量和局部变量。

公共变量格式：VC　　（1～128）

VC　　（表达式）

说明：

● 公共变量对主程序和子程序公用。

● 本系统公共变量总数为 128 个，若超出则报警。

● VC（表达式）是用表达式表示变量号。如：VC VC1＋1，当 VC1＝5 时，VC VC1＋1 即为 VC6。

局部变量格式：字母（1～2）＝数值（两位或两位以下）

说明：

● 局部变量只对某个特定程序（主程序或子程序）有效，并可进行定义、修改、赋值，但不可被其他程序修改或赋值；

● 格式中的字母应除去 O、N、P、V。

2. 转移功能

用于控制程序段的执行顺序。

（1）无条件转移 GOTO

编程格式：GOTO　　N＿＿

GOTO——使加工程序段无条件地转移至目标段。

N＿＿——转移目标段的段号，必须在本程序内。

说明：GOTO 指令不可与其他指令共段；也不可用 MDI 方式执行。

例：下列程序

N50…

N60　GOTO　N90

N70…

N80…

N90…

N100…

则程序的执行顺序为：N50→N60→N90→N100…

（2）条件转移 IF

编程格式：IF（条件）N＿＿

IF——满足条件，转移至目标段；若不满足条件，则继续执行下段程序。转移条件见表 4-1。说明：IF 指令不可与其他指令共段；也不可用 MDI 方式执行。

表 4-1　转移条件

符　号	意　义	举　例	说　明
LT	＜（小于）	IF VC1　LT　5N100	若 VC1＜5，转移至 N100
LE	≤（小于等于）	IF VC1　LE　5N100	若 VC1≤5，转移至 N100
EQ	＝（等于）	IF VC1　EQ　5N100	若 VC1＝5，转移至 N100

符 号	意 义	举 例	说 明
NE	≠（不等于）	JF VC1　NE　5N100	若 VC1≠5，转移至 N100
GT	＞（大于）	IF VC1　GT　5N100	若 VC1＞5，转移至 N100
GE	≥（大于等于）	IF VC1　GE　5N100	若 VC1≥5，转移至 N100

3. 运算功能

在给变量或地址字母赋值时，可用运算表达式赋值，即变量可以进行运算。本系统常见的运算符号见表 4-2。

表 4-2　表达式常用运算符号

符 号	运算名称	举 例	运算结果	备 注
＋	正	＋43241	321	
－	负	－4321	－4321	
＋	加	X = 100 + VC2	150	VC2 = 50
－	减	X = 100 − VC2	50	VC2 = 50
＊	乘	X = VC2 ＊ 10	500	VC2 = 50
/	除	X = VC2/10	5	VC2 = 50
SIN	正弦	VC1 = SIN 30	0.5	
COS	余弦	VC1 = COS VC2	0.5	VC2 = 60°
TAN	正切	VC1 = TFAN 45	1	
ATAN	反正切（1）	VC1 = ATAN 1	45°	−90° ~ +90°
ATAN2	反正切（2）	VC1 = ATAN2 1，−SQRT 3	150°	−180° ~ +180°
SQRT	平方根	VC1 = SQRT VC2 + 4	8	VC2 = 60
ABS	绝对值	VC1 = ABS 20 − VC2	40	VC2 = 60
ROUND	四舍五入取整	VC1 = ROUND 27.6348	28	
FIX	截尾取整	VC1 = FIX 27.6348	27	
DROUND	四舍五入留三位小数	VC1 = DROUND 13.26462	13.265	
DFIX	截尾留三位小数	VC1 = DFIX 13.26462	13.264	
DFUP	增值留三位小数	VC1 = DFUP 13.2642	13.265	
MOD	求余数	VC1 = MOD VC2，7	4	VC2 = 60 60 ÷ 7 = 8…4

例如，LX = 35；　　　　　　变量赋值

G01　X = 100 + LX　　　　地址 X 经与变量运算后赋值即 G01 X135

二、子程序

为了避免反复写相同的程序，加快编程，可将重复程序段单独编成"子程序"，存储起来，供需要时调用。

子程序可被主程序调用，也可被其他子程序调用，可多次调用和嵌套。本系统最多可调用63个子程序，最多嵌套8次。

子程序调用指令　CALL

编程格式：CALL　O ＿　Q ＿　变量 = ＿

CALL——子程序调用指令，不可与其他指令共段。

O ＿——被调用的子程序名。

Q ＿——重复调用次数（1~9 999），缺省为1。

变量 = ＿——为被调用的子程序中的变量赋值。变量可为局部变量，也可为公共变量；
　　　　　　　　　等号右边可为数值也可为表达式。

子程序格式：O ＿　（子程序名）
　　　　　　　⋮
　　　　　　　RTS（子程序结束，返回主程序）

编程中的参考点与坐标系

（1）**机床原点**　机床原点是数控机床上一个固定的基准点（图4-5中 A 点）。对立式加工中心而言，当工作台向左（ $+X'$ 方向）、向前（ $+Y'$ 方向）、刀具主轴向上（ $+Z$ 方向）运动至行程极限时，则各轴返回机床原点（回零）。X'、Y'、Z 的方向如图4-2所示。XH713加工中心 X、Y、Z 进给运动的行程极限为 $X = 0 \sim -420$，$Y = 0 \sim -340$，$Z = 0 \sim -520$（刀具参考点在机床坐标系中的运动范围），如图4-5所示。

（2）**刀具参考点**　刀具参考点也称刀具零点，是刀具主轴上的一个固定基准点即主轴端面的中心点如图4-5中所示 $*$ 点。数控系统通过控制该点的运动，间接控制各把刀具的运动轨迹。当各轴返回机床原点时，刀具参考点"$*$"与机床原点 A 重合。

（3）**刀位点**　经过对刀操作，系统获得并记忆的"刀尖"位置称刀位点。对加工中心所用的立铣刀、镗刀等，为刀具底面与轴线的交点，钻头的刀位点为横刃与轴线的交点，球头铣刀的刀位点是球心。图4-5中所示 P 点为刀位点。

（4）**机床坐标系**（$XYZO$）**和工件坐标系**（$X_pY_pZ_pO_p$）这两个坐标系如图4-5所示。机床坐标系的原点 O 与机床原点 A 重合。

回零编程格式：G30　P ＿

G30——各轴快速返回相应的零位。移动时经过路径与G00相同。

P——零位的编号。

说明：

①零位是每台机床上预先设定的特殊位置，由机床坐标系中的坐标值定义。通过系统参数设定来确定零位，可以设定多个零位，并各给予一个编号。这些零位与机床原点之间

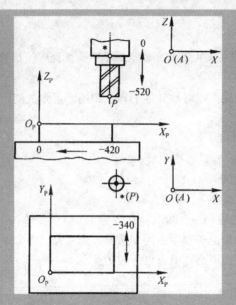

图4-5　各类参考点及坐标系

有一个固定的距离，也称第二、三……参考点。用于机床换刀、托板交换等。

②在机床接通电源后，进行一次返回机床原点的运动后（建立机床坐标系），才能执行 G30 指令。

加工中心的换刀由两个动作完成：刀库选刀和主轴换刀。

编程格式：T××；　　　　刀库选刀

M06；　　　　　　　　主轴换刀

说明：

①T 后的"××"是在刀库中所选的刀号。

②执行 M06 指令后，才能自动将"××"号刀与主轴上的刀具进行更换。

③编程中要注意换刀点的位置，避免换刀时主轴与工件产生干涉。

例如，G15　H01

G00　Z50

T03

M06

第三节　加工中心的基本操作

本节以 XH713 立式加工中心（配置 OKUMA 系统）为例，介绍加工中心的操作要领。

一、加工中心操作要点

1. 开机和关机

打开机床电源开关，旋至 ON 位置，按下"加电"按钮，释放"紧急停止"按钮，系统正常，进入后面操作。关机顺序与开机顺序相反。

2. 程序的输入、修改和调用

将加工程序输入系统，或调出存储器中要加工的程序。

3. 机床回零、对刀及参数设置

机床必须先回零，即先建立机床坐标系，那么对刀过程中所得到的参数才是正确的。按前面所述方法将加工中所用的全部刀具进行对刀和预调，然后将所有参数输入至相应的原点设定页面、刀具参数设定页面等。注意刀具预调不可能百分之百准确，所以试切削时，必须对每把刀的加工都要进行测量，修正误差（刀具参数修改），以确保加工准确无误。

4. 刀具加工轨迹模拟

在图形模拟切削时，可以显示毛坯。应事先在"程序操作"主功能状态下设定毛坯，形成毛坯文件。

在"程序管理"主功能状态下，按 F8（扩展）键，再按 F5（坯材定义）键，进入毛坯定义页面，如图 4-6 所示。

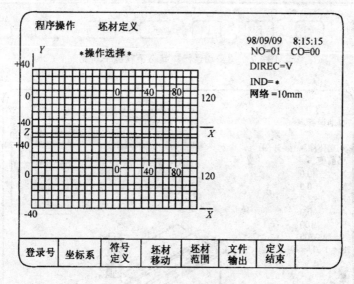

图 4-6　坯材定义页面

5. 首件试切和自动加工

首件试切的目的是调试切削速度等加工参数，并对加工精度进行测试和调整。试切削后，须对每把刀的加工进行测量并及时修正刀具参数。自动加工中，有各种加工状态的选择。按"自动操作"主功能键，进入"自动运行"状态，屏幕显示软键子功能如图 4-7 所示；自动加工中，还可显示坐标轴、坐标，加工程序、当前指令、刀具轨迹动画显示，二维、三维毛坯显示等。其中三维图形显示页面如图 4-8 所示。各功能的操作步骤见表 4-3。

程序选择	当前位置	程序显示	程序段数据	检索		校验数据	〔扩展〕
	库程序						〔扩展〕
序号检索	复位检索	顺序停止	SP选择	SP序号检索			〔扩展〕
	相对值置零	相对值设置					〔扩展〕
图形	轨迹/动画	刀具种类	坯材描绘	清除	数据开/关	高速描绘	〔扩展〕
图形	绘图数据	自动定位		范围变更	视角变更		〔扩展〕
PLC数据显示	梯形图监示	数据跟踪	PLC检查				〔扩展〕

| F1 | F2 | F3 | F4 | F5 | F6 | F7 | F8 |

图 4-7　"自动运行"状态下软键子功能

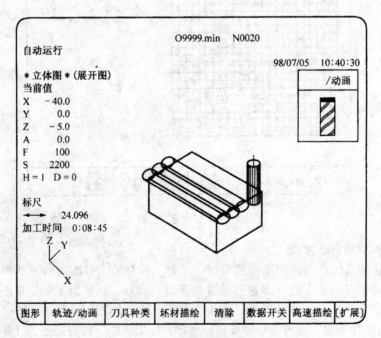

图 4-8　三维图形显示页面

表 4-3　自动运行

步　骤	说　明
1. 进入自动主功能状态按 自动运行 主功能键	
2. 选择运行方式	按机械操作面板上以下各键
（1）按 互锁解除 + 机械锁定	进给锁住
（2）或 互锁解除 + S.T.M 锁定	S.T.M 辅助功率锁住
（3）或 试运行	手动控制切削进给速度
（4）或 单程序段	逐段执行加工程序
（5）或 选择停机	M01 指令生效
（6）或 镜像加工	程序中不必用镜像指令
3. 选择加工程序及启动段	
（1）按 F1 （程序选择）软键	
（2）按 F2 （MDI 索引）软键	CRT 显示 MDI 程序名目录
（3）按翻页键及光标键	光标至加工程序名处
（4）按 写入/执行键 两次	程序选择完毕
（5）按 F8 （扩展）软键	得到"数据开/关"软键子功能
（6）按"数据开/关"（F6）软键	选择 CRT 左侧显示动态坐标、加工程序
（7）按光标键	光标至自动加工启动执行的程序段（启动段），此操作用于中间启动
4. 选择显示页面	以图形显示为例
（1）按"图形"（F1）软键	进入图形显示页面（图 4-8）
（2）按"轨迹/动画"（F2）软键	选择轨迹或动画或两者
（3）按"刀具种类"（F3）软键	选择显示刀具种类（屏幕右侧）
（4）按"坯材描绘"（F4）软键	选择显示毛坯
（5）按"清除"（F5）软键	消除上次加工留下的图形
（6）按翻页键	选择三维或二维图形显示
（7）三维显示时的视角选择	
①按"视角变更"（F6）软键	
按光标键（↑↓←→）	将三坐标轴旋转至合适位置
③按"变更结束"（F6）软键	
（8）二维显示时的绘图平面选择	
①按"绘图数据"（F2）软键	
②按翻页键	
③按"设定"（F1）软键	

步　骤	说　明
④输入数字"1~4"中任一个	选择4种显示平面之一
⑤按 写入/执行 键	
⑥按"设定结束"（F7）软键	
（9）按"范围变更"（F5）软键	图形大小、位置调节
①按光标键	使十字线位于毛坯中部
②按翻页键 Page up 或 按翻页键 Page down	图形放大 图形缩小
③按"变更结束"（F6）软键	
（10）按"高速描绘"（F7）软键	选择快速显示图形模拟（事先按下"机械锁定"和"S. T. M 锁定"）
5. 启动运行 按 启动 键	自动加工启动运行，CRT上方"运行中"指示灯亮

有时需要使自动加工从程序中的某个程序段开始启动执行，称为中间启动。操作步骤见表4-4。

表4-4　中间启动

步　骤	说　明
1. 按 自动运行 主功能键	进入"自动"主功能状态
2. 选择加工程序	
（1）按 F1 "程序选择"软键	
（2）按 F2 "MDI 索引"软键	
（3）按翻页键及光标键	使坐标处于加工程序处
（4）按 写入/执行 键两次	确定加工程序
3. 选择中间启动的程序段	
（1）程序段号输入法	
①按 F8 "扩展"软键	得到"序号检索"子功能（图4-7）
②按 F1 "序号检索"软键	命令行出现序号检索的命令："＝NS ＿"
③输入程序段号（如 N80）	命令行显示 NS N80
④按 写入/执行 键	确认程序段（N80）为启动段
（2）光标选择法	
①按 F8 "扩展"软键	得到"图形"子功能
②按 F1 "图形"软键	进入图形显示页面

步　骤	说　明
③按 F6 "数据开关"软键	使屏幕显示加工程序
④按光标键	使光标位于启动段的段号处
4. 启动自动加工 按机床操作面板上的 启动 键	自动加工从启动段开始执行

二、基本操作

1. 面板介绍

OKUMA 数控系统的机床操作面板如图 4-9 所示。

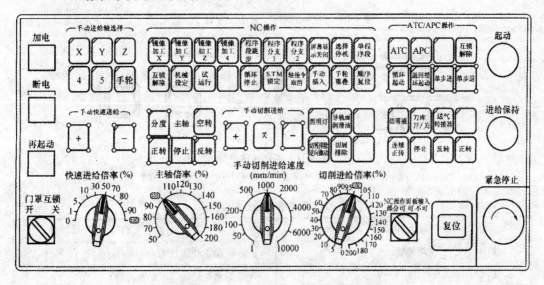

图 4-9　XH713 立式加工中心机床操作面板

该面板由进给控制键、主轴控制键、倍率开关等键组成。其功能及操作同数控铣床，只是多了刀库控制键，用于手动控制主轴还刀、取刀、刀库回转等动作。而手动操作机床则是加工前对刀、调整必须做的。

2. 手动操作

按下系统操作面板上的"手动运行"主功能键，进入手动操作状态。CRT 底行显示该主功能状态下各类软键的子功能，如图 4-10 所示。按 F1～F8，进入相应的子功能页面，通过机床操作面板，可进行以下各类机床操作。

（1）手动进给控制

●手动快速进给以空行程速度（系统设定的 G00 速度）控制各轴快速进给。操作键如图 4-11 所示，操作步骤见表 4-5。

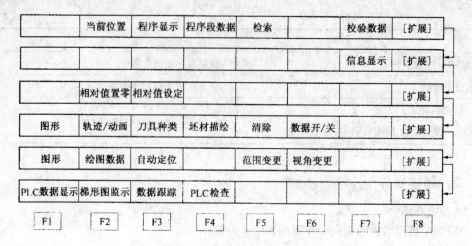

	当前位置	程序显示	程序段数据	检索		校验数据	[扩展]
						信息显示	[扩展]
	相对值置零	相对值设定					[扩展]
图形	轨迹/动画	刀具种类	坯材描绘	清除	数据开/关		[扩展]
图形	绘图数据	自动定位		范围变更	视角变更		[扩展]
PLC数据显示	梯形图监示	数据跟踪	PLC检查				[扩展]

| F1 | F2 | F3 | F4 | F5 | F6 | F7 | F8 |

图4-10 "手动运行"状态下软键子功能

图4-11 手动快速进给

1—进给轴选择；2—快速进给倍率开关；3—进给方向

表4-5 手动快速进给操作步骤

步 骤	说 明
1. 按 手动运行 主功能键	进入手动主功能状态
2. 按 X、Y、Z、4 任一键	选择手动进给轴（4为回转轴）
3. 将快速进给倍率开关调到适当位置	选择快速进给倍率
4. 按 +、- 任一键	选择进给方向并启动进给，停止按键则进给停止

● 手动切削进给使进给轴以一定切削速度连续进给，直到按下"进给停止"为止。在启动手动切削进给之前，必须先启动主轴，否则该功能不执行。该功能用于手动加工零件、试切对刀等切削。操作键如图4-12示，操作步骤见表4-6。

表4-6 手动切削进给操作步骤

步 骤	说 明
1. 按 手动运行 主功能键	进入手动主功能状态
2. 启动主轴运转	在"MDI运行"及"手动运行"下进行
3. 按 X、Y、Z、4 任一键	选择进给轴

步　　骤	说　　明
4. 将手动切削进给速度开关旋转至合适位置	选择切削进给速度（mm/min）
5. 按 $+$ 或 $-$	选择进给方向并启动连续进给
6. 按 O	停止进给

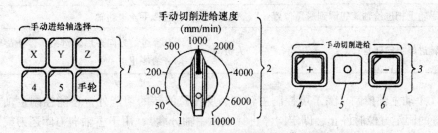

图 4-12　手动切削进给

1—进给轴选择；2—手动切削进给速度开关；3—进给启动、停止开关；
4—启动正向进给；5—进给停止；6—启动负向进给

●手轮微量进给控制各坐标轴的微量进给。手轮又称为手摇脉冲发生器。手轮控制及操作键如图4-13所示，操作步骤见表4-7。

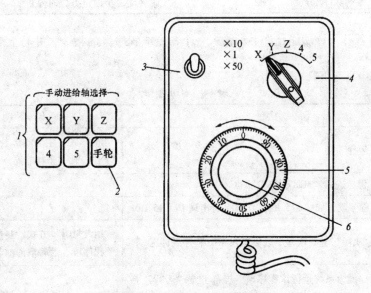

图 4-13　手轮控制及操作键

1—进给轴选择；2—手轮键；3—微动倍率开关；
4—手轮进给轴选择；5—刻度盘；6—手轮（手摇脉冲发生器）

表 4-7　手轮微量进给操作步骤

步　　骤	说　　明
1. 按 手动运行 主功能键	进入手动主功能状态

步　骤	说　明
2. 按 手轮 键	选择手轮进给方式
3. 从机上取下手轮	
4. 在手轮上把微动倍率开关调至合适位置：50μm/一格、10μm/一格、1μm/一格	选择微动量：即刻度盘 5 每转一格轴移动量分别为 50μm、10μm、1μm
5. 在手轮上把进给轴旋钮调到所需位置：X、Y、Z、4	选择手轮进给轴
6. 旋转进给方向转盘："+"为正向，"−"为负向	选择进给方向并启动进给，停止旋转转盘则进给停止

（2）手动主轴控制　除了可控制主轴正、反转及停转的功能外，还能控制主轴旋转到系统设置的固定方位时停止，即定向停止（也称主轴分度），用于主轴向刀库还刀或从刀库取刀。操作步骤见表4-8。

表4-8　主轴分度操作步骤

步　骤	说　明
1. 按 手动运行 主功能键	进入手动主功能状态
2. 同时按 互锁解除 和 分度	主轴转动，至固定方位时停止

（3）MDI 操作　该功能允许手动输入一个命令或程序段的指令，并马上启动运行。操作步骤见表4-9。

表4-9　MDI 操作

步　骤	说　明
1. 按 "MDI 运行" 键	进入 MDI 主功能状态，命令行出现 "IN"，软键子功能同
2. 按 "F3" 键，进入 "MDI 程序" 页面	
3. 输入一个程序段，如 "G15 H01"，命令行出现 IN G15 H01	
4. 按 "写入/执行" 键，该程序段被送入 MDI 程序缓冲区	用 "MDI" 方式，一次只能输入一个程序段，后者取消前者。
5. 按 "启动" 键，系统运行该程序段，屏幕上方 "运行" 指示灯亮	

（4）手动刀库控制　该功能用于主轴向刀库还刀、刀库运动选刀、主轴从刀库取刀等动作。手动换刀时，本机床的换刀点不可任意设定。如图4-14 所示，区域 A 是刀具主轴进行回转主运动、切削进给运动的工作区（加工区），其两行程极限为 C 和 F 点；区域 B 是主轴向刀库还刀、取刀、刀库回转选刀的刀库运动区，包括第一换刀点 D 和第二换刀点 E。

主轴从 D 点升至 E 点，完成向刀库还刀动作；从 E 点降至 D 点，完成从刀库取刀动作。

当主轴位于 E 点时，主轴已远离刀库，刀库可进行回转选刀。刀库操作键如图 4-15 所示，操作步骤见表 4-10。

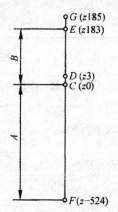

图 4-14　换刀点

A—工作区；B—刀库运作区；C—该点在机床坐标系中 $Z=0$；D—第一换刀点，在机床坐标系中 $Z=3$；E—第二换刀点，在机床坐标系中 $Z=183$；F—Z 轴负向行程极限，在机床坐标系中 $Z=-524$；G—Z 轴正向行程极限，机床坐标系中 $Z=185$

图 4-15　刀库控制键

表 4-10　刀库控制

步　骤	说　明
1. 主轴向刀库还刀	
（1）按 手动运行 主功能键	进入手动主功能状态
（2）同时按 互锁解除 和 分度	主轴定向停止
（3）同时按两次 互锁解除 和 单步进	按第一次时，主思快速上升至于每一换刀点。按第二次，主轴慢速上各至第二换刀点，完成换刀
2. 刀库运作	
（1）主轴已完成还刀动作，位于第二换刀点 E	
（2）按 刀库开/关	打开刀库运动开关
（3）按 送气转接器	刀库回零（刀库连续运转至 1 号刀到位）
（4）按 正转 或 反转	每按一次，刀库顺时针或逆时针方向转一个刀位
（5）按 正转 或 反转	刀库顺时针方向连续转
（6）按 停止	刀库停转
3. 主轴向刀库取刀	同步骤 1
（1）主轴已位于第二换刀点 E	
（2）同时按 互锁解除 和 单步退	主轴下降，从刀库取刀，取刀完毕主轴停留在机床坐标系 Z0 处（图 4-14）

（5）其他手动操作 其他各类手动操作见表4-11。面板锁定和门罩互锁键如图4-16所示。

表4-11 其他手动操作

步 骤	说 明
1. 照明灯 按 照明灯 键（图4-9）	按一下机床照明灯亮，再按则关
2. 冷却液 （1）按 手动运行 主功能键	进入手动主功能状态
（2）按 切削液 键	按一下冷却液开，再按则停
3. 面板锁定 将钥匙插入 NC面板操作 开关，置于以下三个位置：	如图4-16所示
（1） 可	所有面板操作均可执行
（2） 部分可	除程序操作、参数设定主功能外均可执行
（3） 不可	除手动操作主功能外不可执行
4. 屏幕显示/关闭 按屏幕显示关闭 键（图4-9）	按一下CRT所有显示消失，再按则重现
5. 紧急停止 （1）按下急停按钮	主轴、进给驱动电源关闭，用于紧急情况
（2）顺着按钮上箭头方向旋转，则按钮复出	此时可按"加电"按钮，重新接通驱动电源
6. 复位	数控系统复位
按 复位 键	立即中止机床动作，同时数控系恢复其初始设置状态（开机初态）
7. 门罩互锁 将钥匙插入 门罩互锁 开关，置于以下两位置：	控制自动运行时门罩开关 如图4-16所示
（1）开	关门才可执行自动运行，否则报警
（2）关	开、关门均可自动运行

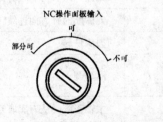

图4-16 面板锁定和门罩互锁

3. 对刀

编程时为了方便起见，需要建立工件坐标系（编程坐标系）。当零件被装夹在机床上时，就应该让机床"知道"你的工件坐标系原点在哪里，同时还应"知道"加工中所用各把刀具的尺寸参数，这样才能方便地利用所编的程序进行加工。这个过程叫"对刀"。下面介绍"对刀"的操作，参数设置方面的内容。

（1）工件坐标系原点的测量　测量工件坐标系原点的目的是要知道该原点在机床坐标系中的位置。通常采用如下几种方法：

● 用标准刀对刀。标准刀是刀库中任一把刀，设其长度补偿值为零，刀具直径为 D，刀具长度为 L，毛坯余量为 Δ，对刀过程如下：

卡装好工件，使机床回零后，手动操作使刀具沿 X 向趋近 A 侧面，当刀具恰好碰到 A 侧面时，记下 CRT 上 X 坐标值，该值就是刀具参考点沿 X 向在机床坐标系中的坐标值。算出参数 X_0 则

$$X_0 = - \mid X - D/2 - \Delta \mid$$

依次操作使刀具沿 Y 向趋近 B 侧面和沿 Z 向趋近 C 表面并恰好碰到，得出坐标值 Y 和 Z，如图 4-17 所示，则

$$Y_0 = - \mid Y - D/2 - \Delta \mid$$
$$Z_0 = - \mid Z + L + \Delta L \mid$$

将算出的参数 X_0、Y_0、Z_0 输入到原点设定页面对应的工件坐标系中，工件坐标系原点 O_P 在机床坐标系中的位置就确定了。

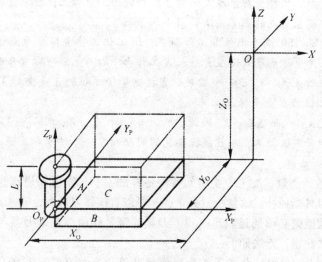

图 4-17　标准刀对刀

● 用标准检验心轴对刀。零件夹好后，在主轴中置一标准检验心轴。机床回零后，分别移动 X 轴、Y 轴，使夹具定位面与心轴接近，再用块规准确测出心轴与定位支承面之间的距离，如图 4-18 所示，则工件坐标系原点坐标为

$$X_0 = - \mid X - D/2 - H \mid$$
$$Y_0 = - \mid Y - D/2 - H \mid$$
$$Z_0 = - \mid Z + T + H \mid$$

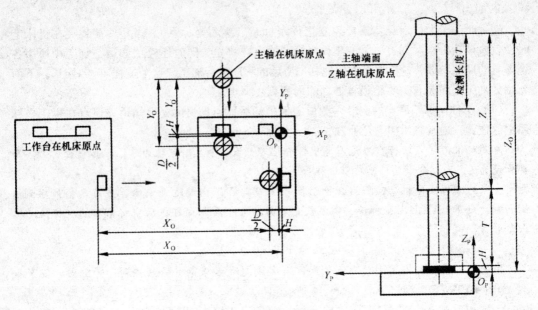

图 4-18 标准心轴对刀

其中，H 为块规尺寸，T 为心轴长度。将 X_O、Y_O、Z_O 输入到原点设定页面对应的工件坐标系中，就确定了工件坐标系原点位置。

●加工同轴孔时，工件坐标系原点的测量在卧式加工中心上，经常会碰到同轴孔的加工问题。此时工件坐标系原点的测量方法如图 4-19 所示。

图中零件在 0° 和 180° 两个工位加工同轴孔。0° 工位工件坐标系原点设在孔的中心线 A 点上，180° 工位工件坐标系原点设在 E 点。设工作台中心与主轴中心重合时的 X 坐标为 X_C。对于确定的加工中心来说，X_C 是一个常数。直接测量 0° 工位的 A 点坐标 X_0。那么工作台回转 180° 后，180° 工位的 E 点坐标 $X_{180°}$ 为：

$$X_{180°} = X_C + \Delta X \qquad 而 \Delta X_C - X_{0°}。因此，X_{180°} = X_C + X_C - X_{0°} = 2X_C - X_{0°}$$

用这种方法测量不仅简单，而且能提高孔的同轴精度。工件坐标系原点的 Y、Z 坐标测量方法同前。

（2）刀具参数的测量 加工中要用到各种各样的刀具，需要知道这些刀具的半径和长度，用于补偿。刀具半径补偿值就是刀具半径，可以直接将刀具半径输入其相应的刀具补偿号内，而长度补偿值则必须通过测量获得。刀具长度补偿值就是某刀具与标准刀具的长度差。用试切对刀法获得，方法如下：

●在机床坐标系（H00）状态下，分别使标准刀和当前刀轻碰毛坯上表面，记下坐标 Z_o、Z_i，则当前刀的长度补偿值为 $\Delta L_i = Z_i - Z_o$，如图 4-20 所示。

●在机床坐标系中，用标准刀对刀，设置工件坐标系（如 H01）。在工件坐标系中，用当前刀对刀，记录坐标 Z_i，则当前刀的长度补偿值为 $\Delta L_i = Z_i$，如图 4-21 所示。此方法操作步骤见表 4-12。

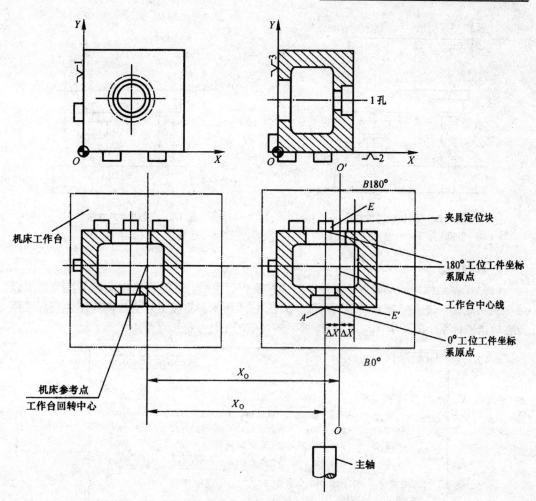

图 4-19 同轴孔加工时工件坐标系的确定

表 4-12 试切对刀操作

步　　骤	说　　明
1. 标准刀对刀，设置工件坐标系	设 1 号刀（T01）为标准刀，设定的工件坐标系为 H01
2. 当前刀对刀，获取长度补偿值（1）按 MDI 主功能键	进入 MDI 主功能状态
（2）输入指令"G15 H01"，按 写入/执行 键，按 启动 键	当前坐标系设为由标准刀设定的工件坐标系（H01）
（3）按 手动运行 主功能键	进入手动主功能状态
（4）手动将当前刀的刀位点在 Z 向与工件零点重合	
（5）记录此时 CRT 动态 Z 坐标	此坐标即为当前刀与标准刀的长度差，即长补值 ΔL_i

除了上述手动对刀确定刀具参数和坐标系参数外，还可用对刀件对刀确定上述各参数。

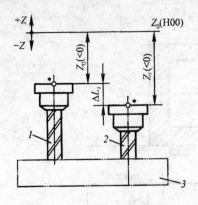
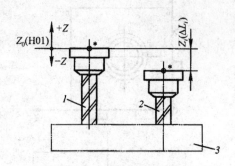

图 4-20 试切对刀方法一　　　　　　　　图 4-21 试切对刀方法二
1—标准刀；2—当前刀；3—坯料　　　　　1—标准刀；2—当前刀；3—坯材

4. 参数设置

（1）工件坐标系原点设置　零件被安装在工作台上后，在系统操作面板上按"原点设定"主功能键，进入"原点设定"页面，如图 4-22 所示。将按上述方法测得工件坐标系原点在机床坐标系中的位置 X_0、Y_0、Z_0 输入到对应的工件坐标系序号中。

原点设定			97/04/12 10:03:01	
		* 原点 *		
NO	X	Y	Z	A
* 1	− 156.755	− 140.736	− 359.954	0.0000
2	− 301.110	− 200.911	− 290.121	0.0000
3	− 200.001	− 70.912	− 250.976	0.0000
4	− 279.000	− 229.000	− 321.000	0.0000
当前位置	X − 20.980	Y10.712	Z50.000	A0.0000

= _

设定	加运算	运算	检索				〔扩展〕

备份

图 4-22 原点设定页面

图 4-23 所示，将工件坐标系原点设在 O_P 点，写出原点设定的操作步骤，并写出加工程序首段指令。已知标准刀（T01）直径为 $\phi 40mm$，刀具长度 100mm，设置的工件坐标系为 4 号。

操作步骤见表 4-13。

表 4-13 原点设定实例

步　骤	说　明
1. 建立机床坐标系 （1）按 MDI 主功能键	进入 MDI 状态
（2）按 F1 "设定" 软键	进入"设定"子功能状态，CRT 底行显示"IN _"，光标闪动

步　　骤	说　　明
（3）键入指令"G15 H00"，按 写入/执行 、 启动 键	使系统处于机床坐标系
2. 启动主轴 （1）键入指令"S300 M03"	仍在 MDI 状态进行
（2）按 手动运行 、 启动 键	主轴正转启动
3. 手动对刀	刀具为标准刀 T01（ϕ40）
（1）按 手动运行 主功能键	进入手动状态
（2）调节快速进给倍率开关	选取合适的进给速度
（3）按 X 键，按 + 、 - 键	选择进给轴为 X 轴，X 向轻微碰工件侧面（图4-22 中 A 点）
（4）记下屏幕 X 坐标值	如 X = −300.000
（5）按 Y 键，按 + 、 - 键	Y 向轻微碰工件侧面（图4-23 中 B 点）
（6）记下屏幕 Y 坐标值	如 Y = −250.000
（7）按 Z 键，按 + 、 - 键	Z 向轻微碰工件顶面（图4-23 中 C 点）
（8）记下屏幕 Z 坐标值	如 Z = −220 00
4. 计算工件零点的坐标（X_0、Y_0、Z_0）	*点在机床坐标系中位置
（1）$\begin{aligned} X_0 &= -\left\vert X - \frac{1}{2}D - \Delta \right\vert \\ &= -\left\vert 300 - \frac{1}{2} \times 40 - 1 \right\vert \\ &= -279 \end{aligned}$	D 为刀具直径，Δ 为毛坯余量，L 为刀具长度
（2）$\begin{aligned} Y_0 &= -\left\vert Y - \frac{1}{2}D - \Delta \right\vert \\ &= -\left\vert 250 - \frac{1}{2} \times 40 - 1 \right\vert \\ &= -229 \end{aligned}$	
（3）$\begin{aligned} Z_0 &= -\left\vert Z + L + 1 \right\vert \\ &= -\left\vert 220 + 100 + 1 \right\vert \\ &= -321 \end{aligned}$	
5. 将 X_0、Y_0、Z_0 输入原点设定页面 （1）按 原点设定 主功能键	进入原点设定页面（图4-21）
（2）按 F1 软键	设定键，屏幕出现"IN __"
（3）按光标键	使光标位于 NO.4 一行中的 X 处
（4）键入数值"−279"	

步　　骤	说　　明
（5）按光标键	使光标位于同行 Y 处
（6）键入"－229"	
（7）按光标键	使光标位于同行 Z 处
（8）键入"－321"	
6. 确认存盘	
（1）按 F8 "扩展"软键	扩展键，屏幕底行出现第二屏子功能"备份"
（2）按 F6 "备份"软键	确认存盘

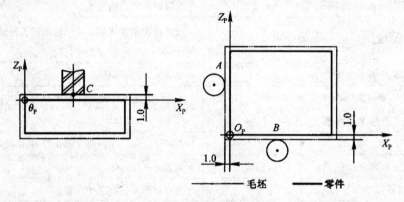

图 4-23　原点设定实例

因为上述操作使 O_P 点设置在 4 号工件坐标系上，所以加工程序首段指令应写成：G15H04。

（2）刀具参数设置　加工中心的刀具参数主要是刀具半径（直径）和刀具长度。在加工程序执行前，必须通过面板操作，设定这些参数，便于在加工程序中调用。

本系统的刀具参数页面主要有三个，分别为刀具半径及刀具长度补偿页面，主要用于显示、设置和修改刀具半径、长度补偿值，可同时存储 20 个半径补偿值和长度补偿值，如图 4-24 所示；刀具形状页面，主要用于显示、设置、修改刀具的名称、几何形状参数，以便在图形模拟切削时，屏幕显示动画刀具及刀具种类，如图 4-25 所示；刀具名称页面，该页面列出了数控系统存储的刀具名称及形状供选择，表上方的刀具号为当前刀具号，如图 4-26 所示。

● 刀具半径补偿值的设定经过对刀仪或试切对刀，获得刀具半径补偿值，将其输入"刀具半径补偿"页面，操作步骤见表 4-14。

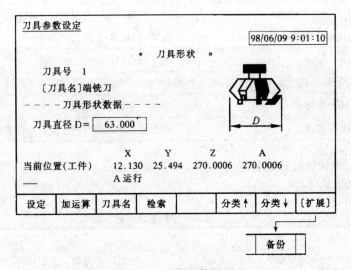

```
刀具参数设定
                                        98/03/09  8:40:27

  *  刀具长度补偿(H-)           *  刀具半径补偿(D-)
  NO.              NO.         NO.              NO.
  1    0.000       11          1   │31.50│     11
  2   10.342       12          2               12
  3                13          3               13
  4                14          4               14
  5                15          5               15
  6                16          6               16
  7                17          7               17
  8                18          8               18
  9                19          9               19
  10               20          10               20

  当前位置(工件)      X       Y        Z         A
                  12.372   25.120   117.048    270.0006
  S __                A运行

  设定  加运算  刀具名  检索      分类↑  分类↓  〔扩展〕
                                                      │
                                                      ↓
                                              备份

  F1    F2    F3    F4    F5    F6    F7    F8
```

图 4-24　刀具半径及长度补偿页面

```
刀具参数设定
                                        98/06/09 9:01:10
                         *  刀具形状  *

  刀具号  1
  〔刀具名〕端铣刀
  - - - -刀具形状数据- - - -

  刀具直径 D= │63.000│

                    X       Y       Z         A
  当前位置(工件)   12.130  25.494  270.0006   270.0006
  ___                A运行

  设定  加运算  刀具名  检索      分类↑  分类↓  〔扩展〕
                                                      │
                                                      ↓
                                              备份
```

图 4-25　刀具形状页面

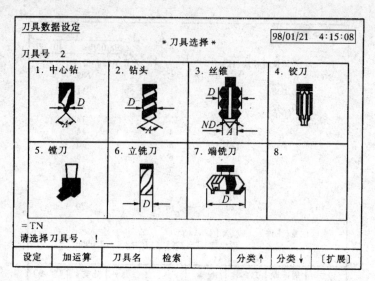

图 4-26　刀具名称页面

表 4-14　刀具半径补偿值的设定

步　骤	说　明
1. 按 刀具参数设定 主功能键	进入主功能
2. 按 F7 或 F6 "分类"软键	进入径补、长补页面（图 4-24）
3. 移动光标至当前刀的径补值处	如图 4-24，在 1 号刀径补处
4. 按 F1 "设定"软键	命令行出现设定命令及光标"S –"
5. 输入半径补偿值，并按 写入/执行 键	如 31.50（表示 1 号刀的半径为 31.50mm），确认
6. 按 F8 "扩展"软键	出现"备份"子功能
7. 按 F7 "备份"软键	按此键后，最新输入值覆盖原有值并存档

● 刀具长度补偿值的设定同样，测得刀具长度补偿值后，将其输入"刀具长度补偿"页面，操作步骤见表 4-15。

表 4-15　刀具长度补偿值设定步骤

步　骤	说　明
1. 按 刀具参数设定 主功能键	进入刀具参数设定主功能状态
2. 按 F7 或 F6 "分类"软键	进入刀具长度补偿页面（图 4-23）
3. 移动光标至当前刀的长补值	
4. 按 F1 "设定"软键	命令行出现"S –"
5. 输入长度补偿值，按 写入/执行 键	
6. 桔 F8 "扩展"软键	得到备份软键子功能
7. 按 F7 "备份"软键	存盘

● 刀具名称及形状参数的设定与修改操作步骤分别见表4-16、表4-17。

表4-16　刀具名称设定

步　　　骤	说　　　明
1. 按 刀具参数设定 主功能键	进入主功能状态
2. 按 F3 "刀具名"软键	进入"刀具名"子功能页面（图4-26）
3. 按翻页键（Page Down 或 Page Up）	使 CRT 出现当前刀具号，如图4-26中当前刀具号为2
4. 输入刀具名称号（如"7"）	表示当前刀（2号刀）为端铣刀
5. 按 F8 "扩展"软键	得到备份软键子功能
6. 按 F7 "备份"软键	存盘

表4-17　刀具形状参数设定

步　　　骤	说　　　明
1. 按 刀具参数设定 主功能键	进入主功能状态
2 按 F6 或 F7 "分类"软键	进入刀具形状页面（图4-25）
3. 按翻页键	使 CRT 出现当前刀具号，如图4-25中当前刀具号为1。此时 CRT 显示的刀具名及刀具图形是在"刀具名"页面设定的
4. 按光标键	使光标移至刀具开关数据处（图4-25）中，光标移至"刀具直径D"处
5. 按 F1 "设定"软键	
6. 输入刀具形状数据	如图6～28中输入"63"
7. 按 F8 "扩展"软键	得到备份软键子功能
8. 按 F7 "备份"软键	存盘

第四节　加工中心编程实例

图4-27所示为壳体零件，编写该零件的加工程序。因该零件加工内容多，所以在加工中心上加工。

一、图样分析

该零件轮廓较简单，为对称图形。R40圆弧与两直线的切点和R20圆弧与两直线的切点已经求出。

二、工艺处理

该零件加工要求是：铣削上表面，保证 $60_0^{+0.2}$ 的尺寸；铣槽 $10_1^{+0.1}$，槽深要求 $6_0^{+0.1}$；加工 $4 \times M10 - 7H$ 孔。加工工艺卡见表 4-17，刀具卡见表 4-18。

表 4-17　壳体加工工艺卡

零件号		零件名称		壳　体	材　料	HT32 − 52	
程序编号		机床型号		XH713	制　表	日　期	
工序内容	顺序号 （N）	加工面	刀具号 （T）	刀具种类	刀具长度	主轴转速 （S）	进给速度 （F）	补偿量 （D、H）	备　注
---	---	---	---	---	---	---	---	---	---
铣平面			T1	不重磨硬质合金端铣刀盘 φ80		S280	F56	H01	长度补偿
								D01	半径补偿
钻 4×M10 中心孔			T2	φ3 中心钻		S1000	F100	H02	长度补偿
钻 4×M10 葭孔定槽 10 中心位置			T3	高速钢 φ8.5 钻头		S500	F50	H03	长度补偿
螺纹口倒角			T4	φ18 钻头（90°）		S500	F50	H04	长度补偿
攻丝 4×M10 ×1.5			T5	M10（×1.5）丝锥		S60	F90	H05	长度补偿
铣槽 10			T6	φ10 +0.03 高速钢立铣刀		S300	F30	H06	长度补偿
								D06	半径补偿作位置偏置用 D06 = 17

表 4-18　壳体加工刀具卡

机床型号	XH713	零件号		程序编号			制表		日　期
刀具号 （T）	刀柄型号	刀　具　型　号	刀　具		工序号	偏置值	备　注		
			直径	长度					
T1	JT57 − XD	不重磨硬质合金端铣刀盘	φ80			H01	长度补偿		
						D01	刀具半径补偿		
T2	JT57 Z13 × 90	中心钻	φ3			H02	长度补偿。带自紧钻夹头		

114

刀具号（T）	刀柄型号	刀 具 型 号	刀 具		工序号	偏置值	备 注
			直径	长度			
T3	JT57 – Z13 × 45	高速钢钻头	φ8.5			H03	长度补偿。带自紧钻夹头
T4	JT57 – M2	高速钢钻头（90°）	φ18			H04	长度补偿。带自紧钻夹头
T5	JT57 – GM3 – 12	丝锥	M10 × 1.5			H05	长度补偿。带自紧钻夹头 GT3 – 12M10
T6	JT57 – Q2 × 90	高速钢立铣刀	φ10⁰.03			H06	长度补偿。带自紧钻夹头
	HQ2φ10					D06	D26 = 17.0 刀补作位置偏置用

机床型号 XH713　零件号　程序编号　制表　日期

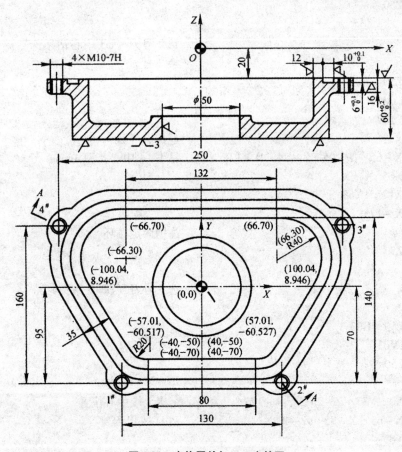

图 4-27　壳体零件加工工序简图

三、编写程序

壳体加工程序及说明如下：

O9999. MIN；	程序名
G15　H01；	建立工件坐标系
T01；	选 1 号刀（声 80 端铣刀）
M06；	换 1 号刀
G90　G56　Z50　H01；	建立 1 号刀长度补偿
S280　M03；	主轴正启动，转速为 280 r/min
G94　F56；	进给速度为 56 mm/min
G01　Z−20；	Z 向进刀，至 −20 mm 处（工件上表面）
G41　Y70　D01；	建立 1 号刀半径补偿
CALL　099；	调用铣槽子程序铣平面
G40　Y0；	注销 1 号刀半径补偿
G00　Z50	
M05	
T02；	选 2 号刀（φ3 中心钻）
M06；	换 2 号刀
G56　Z50　H02	
S1000　M03	
G94　F100	
M54；	返回 R 平面
G81　X−65　Y−95　Z−24　R−17；	钻 1~4 中心孔深 4mm
G81　X65	
G81　X125　Y65	
G81　X−125	
G80；	注销固定循环
G00　Z50	
M05	
T03；	选 3 号刀（φ8.5 钻头）
M06；	换 3 号刀
G56　Z50　H03	
S500　M03	
G94　F50	
M54	
G81　X0　Y87　Z−25.5　R−17；	定槽上端中心位置
G81　X−65　Y−95　Z−40；	钻 1~4 孔至穿
G81　X65	
G81　X125　Y65	
G81　X−125	
G80	

```
G00    Z50
M05
T04;                                        选4号刀（φ18的90°钻头）
M06;                                        换4号刀
G56    Z50    H04
S500    M03
G94    F50
M54
G81    X-65    Y-95    Z-22    R-17    P1;    1~4孔口倒角
G81    X65
G81    X125    Y65
G81    X-125
G80
G00    Z50
M05
T05;                                        选5号刀（M10丝锥）
M06;                                        换5号刀
G56    Z50    H05
S60
G95    F1.5;                                进给速度为1.5 mm/r
M54
G84    X-65    Y-95    Z-40    R-10;         1~4孔攻螺纹
G84    X65
G84    X125    Y65
G84    X-125
G80
G00    Z50
M05
T06;                                        选6号刀（φ10立铣刀）
M06
G56    Z50    H06
S300    M03
G41    G01    X0    Y70    D06;              建立6号刀半径补偿
CALL    099;                                调用铣槽子程序铣槽
G40    Y0;                                  注销6号刀半径补偿
M02;                                        程序结束
099;                                        铣槽子程序名
G02    X100.04    Y8.946    I0    J-40;       切削右上方R40圆弧
G02    X40    Y-70    I-17.01    J10.527;      切削左下方R20圆弧
C02    X-57.01    Y-60.527    I0    J20;       切削左下方R20圆弧
G01    X-100.04    8.946
G02    X-66    70    134.04    J21.054;        切削左上方R40圆弧
```

每章一练

1. 用户宏指令包含哪些功能？各有什么作用？

2. 公共变量与局部变量的区别是什么？

3. 加工题图 4-28 所示工件。先用 φ50 端铣刀铣上表面（切削余量 2 mm），再用 φ30 立铣刀铣凹槽。向切深不得超过 3 mm。试编程。

4. 题图 4-29 所示零件，用 φ12 球头铣刀粗铣圆弧槽至尺寸，Z 向每次切深不超过 6 mm，XY 平面内步进距离不超过 8 mm，采用行切法（单向切削）切削，试用刀具半径补偿、子程序及用户宏功能编程。

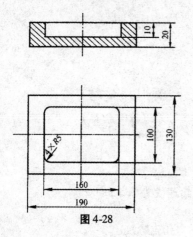

图 4-28

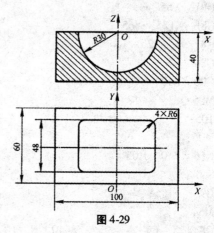

图 4-29

数控特种加工设备及其程序编制

本章概述

特种加工技术是一项新兴的，集精密机械、电子、计算机、自动控制等技术为一体的综合性技术。它已成为制造技术中不可缺少的分支，在难切削加工材料、复杂型面、精细表面、低刚度零件和模具等加工领域内成为重要的加工方法。目前，已有包括电火花线切割加工、电火花成型加工、激光加工等20多种加工技术成功应用到各工业部门中。

教学目标

1. 熟悉数控电火花线切割机床及程序编制。
2. 掌握数控电火花成型加工机床及程序编制。
3. 了解数控激光加工机及程序编制。

＊ ＊ ＊ ＊ ＊ ＊ ＊ ＊ ＊ ＊

第一节 数控电火花线切割机床

一、数控线切割机床的组成

数控线切割机床主要由机床本体、脉冲电源、数控系统、工作液循环系统和机床附件等几部分组成。

1. 机床本体

机床本体由床身、坐标工作台、走丝机构、丝架、工作液箱附件和夹具等几部分组成，图 5-1 所示为 DK7740 的机床本体。

（1）床身 床身作为坐标工作台、储丝机构及丝架的装配基础，必须具有与使用要求相适应的精度和足够的刚度。为方便操作，一般趋向于低床身结构，置工作液循环过滤、脉冲电源于床身外，以减少热变形和振动。

（2）坐标工作台 坐标工作台的功能是装载被加工工件，且按控制的要求对电极丝作预定轨迹的相对运动。它由拖板、导轨、丝杆运动副及带有变速机构的驱动齿轮 4 部分组成。

拖板分别担负 X，Y 向的移动功能。拖板是沿着导轨移动的，因此要求高拖敏度。丝杆传动副的齿形多采用梯形螺纹或圆弧螺纹，并通过滚珠丝杆副传动，使拖板的往复运动轻巧灵活。电机与丝杆之间一般是通过齿轮系进行传动的，数控线切割机的驱动元件采用步进电机。

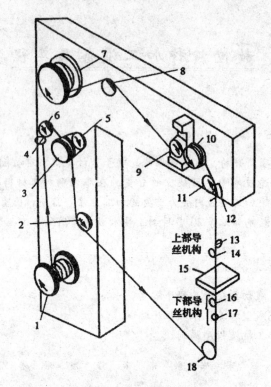

图 5-1　慢走丝机构系统图

1—放丝轮；2，5，6，18—滑轮；2—制动轮；4，12—断丝检测微动开关；
7—卷丝轮；8—排丝装置；9—抬丝轮；13，17—进电板；14，16—导向器；15—工件

　　（3）走丝机构　走丝机构的作用是让电极丝以一定的张力和平稳的速度进行走丝，从而得到稳定的放电加工，并使电极丝整齐地绕在卷丝筒上。

　　●慢走丝机构。慢走丝是单方向的一次用丝，即电极丝从放丝轮出丝，由卷丝轮收丝的单方向走丝。慢走丝机构一般由以下几部分组成：放丝轮和卷丝轮、导丝机构及导向器（一般带有自动穿丝 AWT 装置）、抬丝轮或张力轮、压紧轮或夹紧轮、排丝装置、滑轮（一般有多个滑轮）、断丝检测微动开关、其他辅助件（如毛毡、刷子等）。

　　●快走丝机构。快走丝机构的作用是保证电极丝进行往复循环的高速运行。快走丝机构有单丝筒驱动和双丝筒驱动两种，目前的线切割机床大多采用单丝筒快走丝机构。

　　图 5-2 为单丝筒快走丝机构传动示意图，它由电机传动储丝筒作高速正反向转动，通过齿轮副、丝杠螺母带动推板往复移动，使电极丝均匀地卷绕在储丝筒上。为了降低工作的粗糙度，走丝机构中有恒张力装置，以保证切割时电极丝的张力趋于稳定。储丝筒在加工中必须用。走丝机构与床身、工作台必须绝缘良好。为了保证加工精度和加工稳定性，对储丝筒的轴向窜动和径向跳动都有较高的精度要求。

　　（4）丝架　丝架的作用是通过丝架上的两个导轮对工具电极丝移动时的路径实行支承和导向，且使电极丝工作部分与工作台保持一定的几何角度：切割直壁时，电极丝与工作台

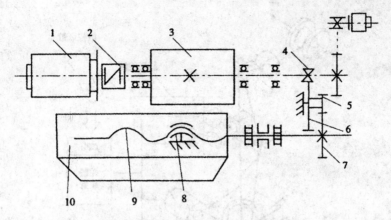

图 5-2　单丝筒快走丝机构传动示意图
1—直流伺服电动机；2—弹性连轴器；
2—储丝筒；4，5，6，7—齿轮；8—螺母；9—丝杆；10—滑板

面垂直；切割带锥度的斜壁时，电极丝与工作台面保持一定角度的倾斜。

　　往复走丝线切割机床的丝架一般分为固定丝架、可调丝架和锥度丝架三类，其丝架结构一般为悬臂式。

　　● 固定丝架结构分为上、下丝臂，各有一个导轮，有些走丝结构的丝臂上还装有保持器、限幅器等稳丝装置。

　　● 可调丝架结构的丝臂可以上下升降，以适应不同厚度的工件加工时保持最佳的工艺效果。

　　● 一般锥度丝架能在工件上切出常规锥度工件。有些机床可以加工变锥工件、变截面件和任意组合的上下异形面工件。

　　2. 脉冲电源

　　脉冲电源是影响线切割加工工艺指标的关键。在一定条件下，加工工艺的好坏主要取决于脉冲电源的性能。因此，要求用于线切割的脉冲电源具有适当的脉冲峰值电流，其变化范围不宜太大，一般为 15A～35A；适当窄的脉冲宽度，一般为 0.5μs～64μs；尽量高的脉冲效率；使电极丝呈低损耗的性能。

　　3. 工作液循环系统

　　在线切割加工中，工作液对切割速度、表面粗糙度、加工精度等工艺指标影响很大。慢走丝线切割机床大多采用离子水作为工作液。高速走丝线切割机床使用的工作液是专用的乳化液。

　　4. 锥度切割装置

　　线切割系统一般都具有锥度切割功能，锥度切割如图 5-3 所示。钼丝相对于工件的左右运动（即工作台纵向运动）为 X 轴坐标运动，钼丝相对于工件的前后运动（即工作台横向运动）为 Y 轴坐标运动。坐标轴正方向的规定如图所示。进行锥度切割时，下丝架不动，而上丝架上的十字拖扳将做左右、前后移动，其中平行于 X 轴的左右移动为 U 轴坐标运动，平行于 Y 轴的前后移动为 V 轴坐标运动。U、V 轴运动将使电极丝倾斜，而 X、Y、U、V 四轴联动就可以切割出各种锥度要求的工件。

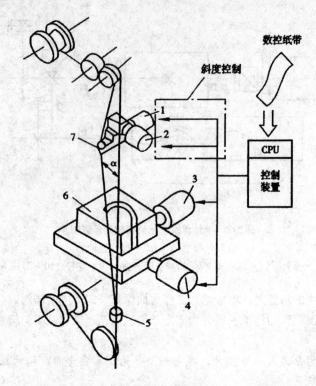

图 5-3　锥度切割装置

1—X 轴伺服电动机；2—Y 轴步进电机；2—U 轴伺服电动机；

4—V 轴步进电机；5—下导向器；6—工件；7—上导向器

二、数控电火花线切割机床的型号及参数

数控电火花线切割机床的主要技术参数包括：工作台行程（纵向行程 X 横向行程）、最大切割厚度、加工表面粗糙度、加工精度、切割速度以及数控系统的控制功能等。表 5-1 为 DK77 系列数控电火花线切割机床的主要型号及技术参数。

表 5-1　DK77 系列数控电火花线切割机床的主要型号及技术参数

机床型号	DK7716	DK7720	DK7725	DK7732	DK7740	DK7750	DK7763	DK77120
工作台行程 /mm	200×160	250×200	320×250	500×320	500×400	800×500	800×630	2000×1200
最大切黹厚度/mm	100	200	140	300（可调）	400（可调）	300	150	500（可调）
加工表面粗糙度 $Ra/\mu m$	2.5	2.5	2.5	2.5	6.3～3.2	2.5	2.5	
切黹速度/ $mm^2 \cdot min^{-1}$	70	80	80	100	120	120	120	

机床型号	DK7716	DK7720	DK7725	DK7732	DK7740	DK7750	DK7763	DK77120
加工精度/mm	0.01	0.015	0.012	0.015	0.025	0.01	0.02	
加工锥度	3°~60°，各厂家的型号不同							
控制方式	各种型号均有单板（或单片）机或微机控制							

三、数控线切割的控制系统

控制系统的主要作用是在电火花线切割加工过程中，按加工要求自动控制电极丝相对工件按一定轨迹运动时，实现进给速度的自动控制，维持正常的稳定切割加工。

1. 控制过程及方式

图5-4 所示为其控制过程框图。首先根据零件的图样和控制器规定的要求，把被加工零件的几何形状、尺寸和机床的某些动作编制成数控加工程序，且按规定的编码把程序内容转换成控制器能够识别的输入介质输入计算机，计算机根据输入程序发出控制步进电机的进给信号和各种指令，自动控制机床纵横拖板作准确的移动，达到线切割的加工目的。

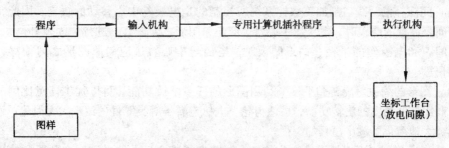

图5-4　数控程序控制过程框图

电火花线切割机床控制系统的具体功能包括轨迹控制和加工控制。快走丝线切割机床多采用较简单的步进电机开环系统。

2. 轨迹控制原理

常见的工程图形都可分解为直线和圆弧及其组合。数控技术控制直线和圆弧轨迹的方法有逐点比较法、数字积分法、矢量判别法和最小偏差法等。高速走丝数控线切割大多采用简单易行的逐点比较法。逐点比较法的特点就是每走一步，都要将加工点的瞬间坐标位置与规定图形轨迹作一比较，进行偏差判别。若是加工点走到了图形上面（或外面），那么下一步就要朝图形下面（或里面）走；如果加工点在图形下面（或里面），下一步就要朝图形上面（或外面）走，以缩小偏差。这样一步一步地走下去，就可以得到一个很接近规定图形的折线轨迹，而且最大偏差不超过一个脉冲当量。利用逐点比较法切割斜线和圆弧示意图如图5-5所示。

3. 加工控制功能

线切割加工控制和自动化操作方面的功能很多，主要有下列 7 种。

（1）进给控制　根据加工间隙的平均电压或放电状态的变化，通过取样、变频电路，不定期地向计算机发出中断申请，自动调节伺服进给速度，保持某一平均放电间隙，使加工稳定，提高切割速度和加工精度。

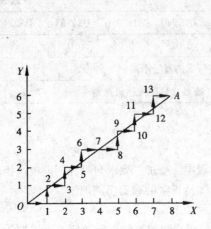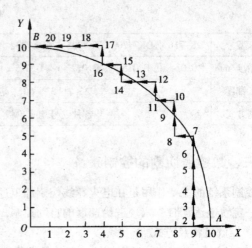

图 5-5　逐点比较切割斜线和圆弧示意图

（2）短路回退　经常记忆电极丝经过的路线短路。发生短路时，改变加工条件并沿原来的轨迹快速后退，消除短路，防止断丝。

（3）间隙补偿　线切割加工数控系统所控制的是电极丝中心移动的轨迹。因此，加工有配合间隙冲模的凸模时，电极丝中心轨迹应向原图形之外偏移，进行"间隙补偿"，以补偿放电间隙和电极丝的半径；加工凹模时，电极丝中心轨迹应向原图形之内偏移，进行"间隙补偿"。

（4）图形的缩放、旋转和平移　利用图形的任意缩放功能，可以加工任意比例的相似图形；利用任意角度的旋转功能，可使齿轮、电机定转子等类零件的编程大大简化；而平移功能则极大地简化了跳步模具的编程。

（5）适应控制　在工件厚度变化的场合，改变规准之后，能自动改变预置进给速度或电参数（包括加工电流、脉冲宽度、间隔），不用人工调节就能自动进行高效率、高精度的加工。

（6）自动找中心　使孔中的电极丝自动找正后，停止在孔中心处。

（7）信息显示　动态显示程序号、计数长度等轨迹参数，较完善地采用 CRT 屏幕显示，还可显示电规准参数和切割轨迹图形等。

此外，线切割加工控制系统还具有故障安全和自诊断等功能。

电火花线切割加工的基本原理

电火花线切割（Wire Cut EDM，WEDM）是在电火花加工基础上发展起来的一种新的工艺形式，它用连续移动的细金属丝作为工具电极，并在金属丝与工件间通以脉冲电流（线电极与脉冲电源的负极相接，工件与电源的正极相接），利用脉冲放电的腐蚀作用使金属熔化或气化，通过电极丝和工件的相对运动切割各种形状的工件，故称为电火花线切割，或简称线切割。若使电极丝相对于工件进行有规律的倾斜运动时，还可切割出带锥度的工件和上下异形的变锥度工件。

数控电火花线切割原理

图5-6为高速和慢走丝数控电火花线切割装置示意图。高速走丝线切割的工作原理为，电极丝4接脉冲发生器1的负极，并穿过工件9，经导轮5在储丝筒6的换向装置控制下往复移动。工件通过绝缘板10安装在工作台上，接上脉冲发生器的正极。工件与电极丝之间的加工区间隙由喷嘴2通过液压泵12，将水箱11内的液体介质以一定的压力喷入。当脉冲电压击穿间隙时，两者之间即产生火花放电而切割工件。这样，由数控装置7发出加工指令，控制步进电机3、8驱动 X，Y，U，V 四轴移动，从而加工出所需曲线轨迹和锥度的工件。

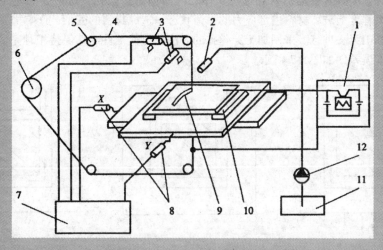

（a）高速走丝线切割加工装置示意图

1—脉冲发生器；2—喷嘴；3—控制步进电机；4—电极丝；5—导轮；6—储丝筒；
7—数控装置；8—控制步进电机；9—工件；10—绝缘板；11—水箱；12—液压泵

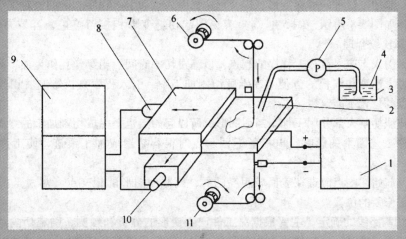

图5-6 线切割加工装置示意图

（b）慢走丝线切割加工装置示意图

1—脉冲发生器；2—工件；3—工作液；4—去离子水；5—泵；6—放丝卷筒；
7—工作台；8—X轴电动机；9—数控装置；10—Y轴电动机；11—收丝卷筒

四、数控线切割编程中的工艺处理

在电火花线切割加工中，必须合理地确定工艺路线和切割程序，包括工艺准备、工件的装夹和切割加工。工艺准备必须与编制数控程序并行进行。

1. 合理确定切割起点及路线走向

（1）引入程序及起始切割点的确定 在线切割加工中，通常需要一段引入点切割至程序起点的引入程序。对凹模类封闭形工件的加工，引入点必须选在材料实体之内。这就需要在切割前预制穿丝孔，以便穿丝。对凸模类工件加工，引入点选在材料实体之外，这时就不必预制穿丝孔。但有时要把引入点选在实体之内而预制穿丝孔，这是因为坯件材料在切割时，会在很大程度上破坏材料内部应力的平衡状态，造成材料的变形，影响加工精度，甚至会夹丝，使加工无法进行。采用加工穿丝孔的方法，可使工件毛坯保持相对完整，减小变形所造成的精度误差，如图5-7所示。

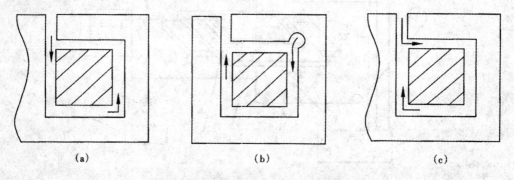

(a)　　　　　　　　　　(b)　　　　　　　　　　(c)

图5-7 切割凸模时加工穿丝孔与否的比较
(a) 不正确；(B) 好；(C) 不好

为了控制加工过程的材料变形，应合理选择引入点和引入程序。例如，对于窄沟加工引入点的选择如图5-8所示，图5-8（a）容易引起切缝变形相接刀痕迹，容易夹丝；图5-8（b）的选择比较合理。

此外，引入点应尽量靠近程序的起点，以缩短切割时间。当穿丝孔作为加工基准时，其位置必须考虑运算和编程的方便。在锥度切割加工中，引入程序直接影响着钼丝的倾斜方向，引入点的位置不能定错。

电火花线切割大部分用于加工封闭图形，所以起始点也是完成切割加工的终点。由于在加工中各种工艺因素的影响，电极丝返回起点时很容易造成加工痕迹，使工件外观受到影响。

因此，起始切割点应选在表面较粗糙的面，或截面图形的相交点（尽量选择相交角），或便于钳工修复的位置。

（2）切割路线的确定 主要根据对工件产生变形的分析和预测，确定切割路线。在整块坯料上切割工件时，坯料的边角处变形大，因此，应尽量避开坯料的边角，选择距离各边角尺寸均匀处，应将工件与其夹持部分分离的切割段安排在总的切割程序末端，如图5-9所示。

2. 电火花线切割加工的工艺准备

由于电火花线切割加工工艺与通用机械加工工艺有很大差别，因此数控电火花线切割编

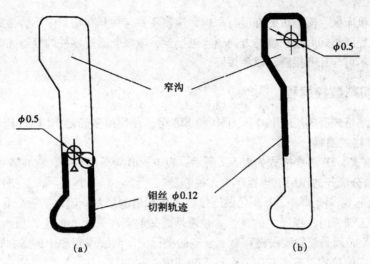

图 5-8　窄沟穿丝孔位置的选择
（a）不正确；（b）正确

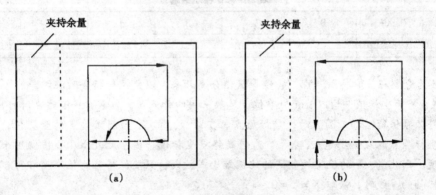

图 5-9　切割路线确定
（a）好；（b）不好

程有着自己的特点。编程前应细致分析零件的加工要求和特点，充分考虑零件的线切割加工工艺，做好编程前的工艺处理。

（1）电极丝的准备　按照加工工件的厚度、几何形状复杂程度及机床走丝系统的要求，确定电极丝的直径大小。电极丝装绕前应当注意检查导轮与保持器，装绕时注意电极丝是否张紧和装绕路径必须正确。

（2）工件的准备　由于线切割加工多为模具或零件加工的最后一道非钳工工序，因此工件多具有规则、精确的外形。若外形有与工作台 X，Y 平行并垂直于工作台面的两个面，则它们可以作为校正基准。若外形为非垂直面时，在允许的条件下可把加工工艺基准或以已知的型孔作为校正基准。

（3）工件的夹持余量　在电火花线切割凸型工件时，工件材料必须有足够的夹持余量，以保证在装夹后让出凸型的成型部分。

（4）工件装夹与穿丝　在夹紧零件毛坯前，必须校正电极丝与零件表面的垂直度。在装夹零件时，必须调整零件的基准面与机床拖板 X，Y 方向相平行，零件的装夹位置应保证其切割范围在机床纵、横拖板的许可行程内，应使零件与夹具在切割中不会碰到丝架的任何部位。零件位置调整好后按正确的方向引入电极丝，电极丝通过零件的穿丝孔时，应处于穿丝孔的中心，不可与孔壁接触，以免短路。

五、线切割数控编程

线切割程序格式有 3B、4B、5B、ISO 和 EIA 等，使用最多的是 3B 格式和 ISO 代码。

1.3B 程序格式编程

（1）3B 格式　3B 程序格式如表 5-2 所示。表中的 B 叫分隔符号，它在程序单上起着把 X、Y 和 J 数值分隔开的作用。当程序输入控制器时，读入第一个 B 后，它使控制器做好接收 X 坐标值的准备，读入第二个 B 后做好接收 Y 坐标值的准备，读入第三个 B 后做好接收 J 值的准备。加工圆弧时，程序中的 X、Y 必须是圆弧起点对其圆心的坐标值。加工斜线时，程序中的 X、Y 必须是该斜线段终点对其起点的坐标值，斜线段程序中的 X、Y 值允许把它们同时缩小相同的倍数，只要其比值保持不变即可。

表 5-2　3B 程序格式

B	X	B	Y	B	J	C	Z
	X 坐标值		Y 坐标值		计数长度	计数方向	加工指令

●B 为分割符，它将 X、Y、J、G 等数值分离开来，以免执行指令时混淆。

●X、Y 为坐标值，均以 μm 为单位，尾数采用四舍五入，当 X、Y 值为零时可以不写，但分割符必须保留。加工圆弧时，坐标原点取在圆心，X、Y 为圆弧起点的坐标值；加工斜线时，坐标原点取在斜线起点，X、Y 为斜线终点坐标值，由于此处 X、Y 值仅用来表示斜线的角度，因此 X、Y 的值可按相同的比例缩小或放大，只要保持其比值不变即可；加工平行于坐标轴的直线时，应取 X = Y = 0。

●G 为计数方向，选取 X 拖板方向进给总长度来进行计数的称为计 X，用 G_x 表示。选取 Y，拖板方向进给总长度来进行计数的称为计 Y，用 G_y 表示。为了保证加工精度，必须正确选取计数方向，它的选取可按加工斜线或圆弧终点坐标 (X_e, Y_e) 的绝对值大小来选取，如图 5-10 所示。

对于斜线：当 $|X_e| > |Y_e|$ 时，取 G_x；当 $|X_e| < |Y_e|$ 时，取 G_y。

对于圆弧：当 $|X_e| > |Y_e|$ 时，取 G_y；当 $|X_e| < |Y_e|$ 时，取 G_x。

无论斜线还是圆弧，当 $|X_e| = |Y_e|$ 时，即终点在 45°线上时，计数方向任取。

●J 为计数长度，用于控制加工总长，计数长度应取起点到终点某个方向拖板移动的总距离。当计数方向确定后，就是被加工曲线（直线）在该方向上的投影长度的总和。对于斜线，取终点坐标值较大的为计数长度。对于圆弧，是指被加工曲线在计数方向上的投影的总和。圆弧可能跨越几个象限，必须正确计算计数长度，如图 5-11 所示。

●Z 为加工指令，用来传达机床发出的命令，加工指令 Z 有如下 4 种。

a. 当被加工的线段是与某坐标轴平行的直线时，根据进给方向，分别用 L_1、L_2、L_3、L_4 表示，如图 5-12（a）所示。

b. 当被加工的线段是在 1、2、3、4 象限的斜线时，分别用 L_1、L_2、L_3、L_4 表示，如图 5-12（a）所示。

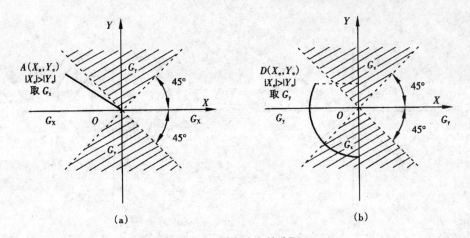

图 5-10 计数方向的选取
（a）斜线计数方向的选取；（b）圆弧计数方向的选取

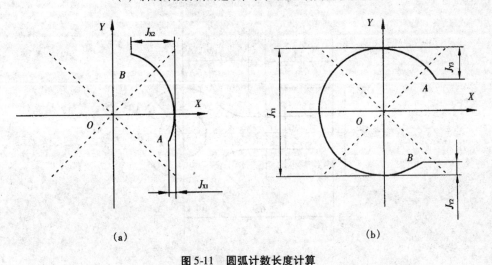

图 5-11 圆弧计数长度计算
（a）取 G_X 计数长度 $J = J_{X1} + J_{X2}$；（b）取 G 计数长度 $J = J_{Y1} + J_{Y2} + J_{Y3}$

c. 当被加工的圆弧的加工起点在 1、2、3、4 象限，且为顺时针加工时，分别用 SR_1、SR_2、SR_3、SR_4 表示，如图 5-12（b）所示。

d. 当被加工的圆弧的加工起点在 1、2、3、4 象限，且为逆时针加工时，分别用 NR_1、NR_2、NR_3、NR_4 表示，如图 5-12（b）所示。

（2）3B 程序编制实例　编制加工如图 5-13 所示凹凸模的线切割程序。电极丝为 0.1mm 的钼丝，单面放电间隙为 0.01mm。

● 确定计算坐标系。由于图形上、下对称，孔的圆心在图形对称轴上，故选对称轴为计算坐标系的 X 轴，圆心为坐标原点，建立统一坐标系，如图 5-13 所示。因为图形对称于 X 轴，所以只需求出 X 轴上半部钼丝中心轨迹上各线段的交点坐标，利用对称关系即可得其余部分的交点坐标值，从而使计算简化。

● 确定补偿距离。补偿距离为：

$$\Delta R = \text{r} + \delta = 0.05 + 0.01 = 0.06$$

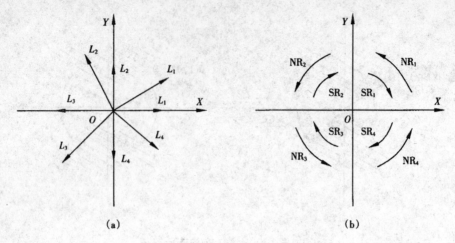

图 5-12　加工指令

（a）直线、斜线；（b）顺圆、逆圆

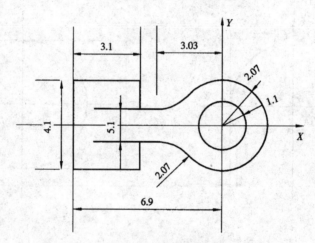

图 5-13　凸凹模零件图

钼丝中心轨迹如图 5-14 所示。

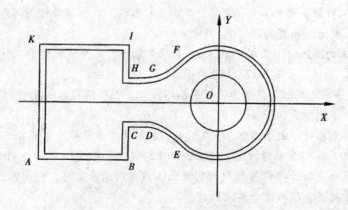

图 5-14　凸凹模编程示意图

● 计算交点坐标。将电极丝中心轨迹划分成单一的直线或圆弧段。可直接从图形尺寸得到交点 A、B、C、D 及圆心的坐标值：A（-6.96，-2.11），B（-3.74，-2.11），C（-3.74，-0.81），D（-3，-0.81），O_1（-3，-2.75）。

求 E 点的坐标值。因两圆弧的切点必定在两圆弧的连心线 OO_1 上，直线 OO_1 的方程为 $3Y = 2.75$，故 E 点的坐标值 X、Y 可以通过解下面的方程组求得：

$$X^2 + Y^2 = 2.13^2$$
$$2.75X - 3Y = 0$$
$$X = -1.570, \quad Y = -1.4393$$

运用对称关系求得相应对称点的坐标：F（-1.5700，1.4393），G（-3.00，0.81），H（-3.74，0.81），I（-3.74，2.11），K（-6.69，2.11），O_2（-3.00，2.75）。

切割型孔时电极丝中心至 O 的距离为：$R = 1.1 - 0.06 = 1.04$。

● 填写程序单。切割凹凸模时，不仅要切割外表面，而且要切割内表面，因此在凸凹模型孔的中心 O 处钻穿丝孔。先切割型孔，然后再按 BCDEFGHIJKAB 的顺序切割，其切割程序单如表5-3所示。

表5-3　凸凹模线切割3B格式程序单

程序号	B	X	B	Y	B	J	G	Z	备注
1	B		B		B	001040	G_x	L3	穿丝切割
2	B	1040	B		B	004160	G_y	SR2	
3	B		B		B	001040	G_x	L1	
4	B		B		B			D	拆卸钼丝
5	B		B		B	013000	G_y	L4	空走
6	B		B		B	003740	G_x	L3	空走
7	B		B		B			D	重新装上钼丝
8	B		B		B	012190	G_y	L2	切入并加工 BC 段
9	B		B		B	000740	G_x	L1	
10	B		B	1940	B	000629	G_y	SR1	
11	B	1570	B	1439	B	005641	G_y	NR3	
12	B	1430	B	1311	B	001430	G_x	SR4	
13	B		B		B	000740	G_x	L3	
14	B		B		B	001300	G_y	L2	
15	B		B		B	003220	G_x	L3	
16	B		B		B	004220	G_y	L4	
17	B		B		B	003220	G_x	L1	
18	B		B		B	008000	G_y	L4	退出
19	B		B		B			D	加工结束

填写程序单时应注意，加工程序单是按加工顺序依次逐段编制的。每加工一条线段就应填写一道程序。加工程序单中除安排切削工件图形线段的程序外，还应安排切入、切出、空走以及停机、拆丝、装丝等程序。如图5-14所示切割线路的程序单中除切割图形线段的程序外，还应有从穿丝孔到图形起始切割点的切入程序，切割完型孔后使电极丝回到统一坐标原点的切出程序，拆掉电极丝将电极丝位置调整到模坯之外，并位于BC的延长线上的空走程序，穿丝后加工外形轮廓的切入程序等。

切割程序上各段交点的坐标是按计算坐标系计算的。而加工程序中的数码和指令是按切割时所选的坐标系确定的。因此应根据各交点在计算坐标系中的坐标，利用坐标变换求得各点在切割坐标系中的坐标。如表5-3中的程序9所加工的直线段CD，它在计算坐标系中起点C的坐标$X_C = -3.74$，$Y_C = -0.81$；终点D的坐标$X_D = -3$，$Y_D = -0.81$。在切割坐标系中C为坐标原点，相当于将计算坐标系自原点O平移至点C。D点在切割坐标系中的坐标为：

$$X'_D = -3 - (-3.74) = 0.74$$
$$Y'_D = -0.81 - (-0.81) = 0$$

又如表5-3中程序12是加工圆弧FC，它在计算坐标系中，起点F的坐标为（-1.57，1.4393）；终点G的坐标为（-3，0.81）；圆心O_2的坐标为（-3，2.75）。在切割坐标系中O_2为坐标原点，相当于将计算坐标系自O点平移到O_2点，在切割坐标系中

$$X'_F = -1.57 - (-3) = 1.43$$
$$Y'_F = 1.4392 - 2.75 = -1.3107$$

圆弧终点的坐标为：

$$X'_G = -2 - (-3) = 0$$
$$Y'_G = 0.18 - 2.75 = -1.94$$

由于终点在切割坐标系的Y轴上，故计数方向为G_x，加工起点在第四象限，顺时针方向切割，故其加工程序为：

$$B\ 1430\ 1311\ B\ 001430\ G_x\ SR_4$$

2. ISO 代码线切割程序

（1）JSO 代码编程格式　一般来说，慢走丝线切割机床通常采用 ISO 代码来编制加工程序。ISO 代码的编程格式如下：

/N4 G2　X±53　Y±53　I±53　J±53　F22　D2　T13　M2

具体坐标字含义如表5-4所示。

表5-4　ISO 代码坐标字含义

坐标字	含 义 说 明
/	段跳跃，后面程序段无效（由控制面板按键激活生效）
N4	程序段序号，用4位数字表示
G2	准备功能指令，用2位数字表示
X±53	直线或圆弧插补时的终点坐标指令，其数值可带正、负号，小数点前面最多可有5位，小数点后面最多可有3位，没有小数点时最多可输入8位数值

坐标字	含 义 说 明
Y±53	直线或圆弧插补时的终点坐标指令，其数值可带正、负号，小数点前面最多可有5位，小数点后面最多可右3位. 没有小数点时最多可输入8位数值
I±53	圆弧插补时，以起点为原点的圆心坐标值
J±53	圆弧插补时，以起点为原点的圆心坐标值
F22	设定线切割速度指令（mm/min），小数点前最多有2位，小数点后最多有2位
D2	电极丝半径补偿地址号，用2位数字表示
T13	锥度加工时电极丝倾斜角大小指令，小数点前1位，小数点后3位
M2	辅助功能指令，用2位数字表示

准备功能代码是 ISO 代码编程的重要内容，字母 G 之后的 2 位数字表示各种不同的功能，具体见表 5-5。

表 5-5 ISO 准备功能代码

准备功能代码	含 义
G00	快速点定位，即快速移动到某一指定位
G01	直线插补，用于切割直线段
G02	圆弧插补，用于顺时针切割圆弧
G03	圆弧插补，用于逆时针切割圆弧
G04	暂停
G40	丝径补偿取消
G41、G42	丝径向左、右补偿偏移
G90	选择绝对坐标方式输入加工参数
G91	选择增量坐标方式输入加工参数
G92	工件坐标系设定，将加工时绝对坐标原点设定在距钼丝中心现在位置一定距离处

（2）ISO 代码编程实例 加工如图 5-15 所示凹模，假设 O 点为加工起点，电极丝直径为 0.20mm，单边放电间隙为 0.02mm，切割速度为 4mm/min。加工程序如表 5-6 所示。

表 5-6 凹模加工程序

加 工 程 序	说 明
00100	程序号
N0005 G92 X0 Y0；	设定工件坐标系
N0010 G42 G91 G01 X6.0 Y8.0 F400 D01	
N0015 X7.0；	加工直线

133

续表

加工程序	说　明
N0020 G02 X0 Y −32 I0 J −6；	加工 R16 的圆弧
N0025 C01 X −7；	加工直线
N0030 X −6 Y8；	加工斜线
N0035 C02 X −12 Y0 1 −6 J8；	加工下 R10 的圆弧
N0040 G01 X −6 Y −8；	加工斜线
N0045 X −7；	加工直线
N0055 G01 X −7；	加工直线
N0060 X6 Y −8；	加工斜线
N0065 G02 X12 Y0 16 J8；	加工上 R10 圆弧
N0070 C01 G40 X −6 Y −8；	回起点，取消丝径补偿
N0075 M02；	程序结束

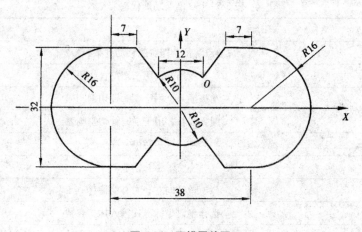

图 5-15　凹模零件图

第二节　数控电火花成型加工机床

电火花成型加工是一种通过工件和工具电极之间的脉冲放电而有控制地去除工件材料的加工方法。

一、数控电火花成型加工机床分类

（1）按控制方式分类

● 普通数显电火花成型机床。普通数显电火花成型机床是在普通机床上加以改进而来，它只能显示运动部件的位置，而不能控制运动。

● 单轴数控电火花成型机床。单轴数控电火花成型机床只能控制单个轴的运动，精度低，加工范围小。

●多轴数控电火花成型机床。多轴数控电火花成型机床能同时控制多轴运动，精度高，加工范围广。

（2）按机床结构分类

●固定立柱式数控电火花成型机床。固定立柱式数控电火花成型机床结构简单，一般用于中小型零件加工。

●滑枕式数控电火花成型机床。滑枕式数控电火花成型机床结构紧凑，刚性好，一般只用于小型零件加工。

●龙门式数控电火花成型机床。龙门式数控电火花成型机床结构较复杂，应用范围广，常用于大中型零件加工。

（3）按电极交换方式分类

●手动式，即普通数控电火花成型机床，结构简单，价格低，工作效率低。

●自动式，即电火花加工中心，结构复杂，价格高，工作效率高。

二、数控电火花机床原理

数控电火花加工机床是一种高精度的自动化加工机床，除了实现普通电火花成型机床的伺服控制外，对 X、Y（有时还有 Z）轴均要进行高精度伺服控制。它采用功能丰富的微型计算机，利用 CPU 分管多轴伺服加工和适应控制系统、编程和加工状态的显示、加工程序的转换器等。它是由主机、脉冲电源、伺服系统和数控系统组成的，其基本原理如图 5-16 所示。

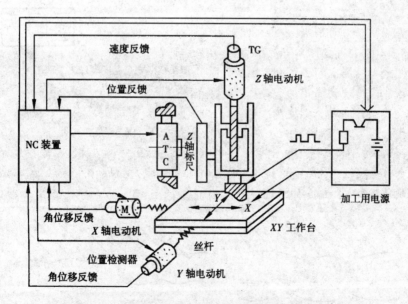

图 5-16 数控电火花加工机床原理图

机床主轴上装有工具电极（正极），工件固定在两坐标（X 和 Y）移动的接通负极的工作台上，当主轴头被 Z 向伺服电机通过滚珠丝杠带动上下运动，使工具电极和工件之间形成放电间隙，实现电蚀加工过程。X、Y 两坐标工作台由伺服电动机通过滚珠丝杠进行半闭环控制，NC 系统执行工作程序形成轨迹加工。ATC 是电极的自动更换装置，它可以根据需要，更换电极以进行不同形状的工件表面加工。

电火花成型加工的原理

电火花成型加工是利用电能直接转成热能来加工的，是基于工具电极和工件之间脉冲性火花放电时电腐蚀现象来蚀除多余的金属，以达到对工件的尺寸、形状和表面质量预定的要求。图 5-17 所示为电火花成型加工原理示意图。当加有脉冲电压的电极 4 与被加工工件 1 在自动进给调节装置 3 的控制下，保持很小的放电间隙时，则先在最短距离处因电场效应，在两极间形成一个导电的电离管道，因此产生火花，火花立即成为细电弧柱，即电流密度很高的电子流打击被加工工件和电极的一点；此电子流将产生极高的热，被加工工件局部因此高温将被熔化、气化，使工件和电极表面都被蚀除一小部分材料，各自形成一个小凹坑，如图 5-18（a）所示。金属被熔化的部分变成粉末，散布于加工液中。遗迹被周围的加工液浸入，很快地冷却，刚发生放电的间隙又恢复绝缘。

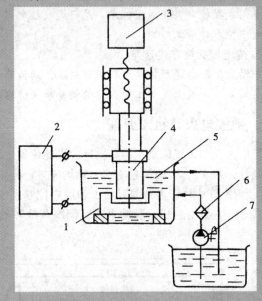

图 5-17　电火花成型加工原理图
1—工件；2—脉冲电流；3—自动进给调节装置；4—电极；
5—工作液；6—过滤器；7—工作液泵

经过一个脉冲间隔，当第二个脉冲又加到两极上，在工件和电极放电点周围未被蚀除的相对隆起部分击穿放电，又电蚀出一个凹坑。在进行放电加工中，累积多次的放电痕迹，就可将电极的形状复制在工件上，实现加工。整个加工表面将由无数个小凹坑所组成，如图 5-18（b）

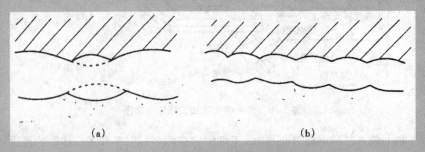

(a)　　　　　　　　　　　(b)

图 5-18　电火花加工表面局部放大图

电火花成型加工的应用范围

由于电火花成形加工有其独特的优点，加上数控水平和工艺技术的不断提高，其应用领域日益扩大，已在机械（特别是模具制造）、宇航、航空、电子、核能、仪器、轻工等部门用来解决各种难加工材料和复杂形状零件的加工问题，加工范围可从几微米的孔、槽到几米大的超大型模具和零件。主要的应用范围包括：

● 加工模具如冲模、锻模、塑料模、拉伸模、挤压模、玻璃模、胶木模、陶土模、粉末冶金烧结模、花纹模等。电火花加工可在淬火后进行，免去了热处理变形的修正问题，多种型腔可整体加工，避免了常规机械加工方法因需拼装而带来的误差。

● 在航空、宇航、机械等部门中加工高温合金等难。例如，一台新型喷气式发动机的涡轮和一些环件上，大约需要有一百万个冷却小孔，其材料为又硬又韧的耐热合金，电火花加工是较合适的工艺方法。

● 微细精密加工通常可用于 $0.01 \sim 1mm$ 范围内的型孔加工，如化纤异形喷丝孔、发动机喷油嘴、电子显微镜光栅孔、激光器件、人工标准缺陷的窄缝加工（是指在加工试件上故意加工出一个小窄缝，以模拟工艺缺陷，进行强度测验）等。

● 加工各种成型刀具、样板、工具、量具螺纹等成型零件。

● 利用数控功能可显著扩大应用范围。如水平加工、锥度加工、多型腔加工，采用简单电极进行三维型面加工以及利用旋转主轴进行螺旋面加工等。

三、数控电火花机床的主要技术参数

控电火花成型加工机床主要技术参数包括尺寸及加工范围参数、电参数、精度参数等，其具体内容及作用详见表5-7。

表5-7 数控电火花成型机床主要技术参数

类别	主要内容	作用
工作台参数	工作台面长度、宽度	影响加工工作的尺寸范围（重量）、夹具的使用用其设计
	工作台横向和纵向的行程	
	工作台最大承度	
	T形槽数，槽宽，槽间距	
主轴头参数	伺服行程	影响加工工艺指标
	滑座行程	
	摆动角度及旋转角度	
运动参数	主轴伺服进给参数	影响加工性能及其加工准备效率
	工作台移动速度	
动力参数	主轴电机功率	影响加工负荷
	伺用电机额定转矩	

续表

类别	主要内容	作用
精度参数	工作台定位精度	影响加工精度及其一致性
	电极的装夹定位精度、重复定位精度	
	横向、纵向坐标的读数精度	
	最大加工电流、电压	
	最大电源功率	
	最小电极损耗	
	最小表面粗糙度	
其他参数	主轴连接板至工作台的最大距离	影响使用环境

CNC 电火花机床的基本功能简介

图 5-19 所示为北京迪蒙卡特公司制造的 CTE300ZK 数控电火花成型机床。CTE 系列电火花成型机床主要用于型腔模具加工及窄槽窄缝等难以加工的地方。机械结构坚固结实，放电加工过程稳定可靠。

该机床主要特点如下：

●主轴采用高刚度、高精度、高灵敏度，抗扭性好的矩形主轴结构。伺服驱动采用进口宽调速直流伺服电机，PWM 脉宽调速，使机床加工精度高、速度快、稳定性好。

●机床配备 50A 或 100A、200A 脉冲电源，该电源具有自适应放电加工控制，定时抬刀，抬刀高度控制，正反向伺服，油路，温升控制，自动报警安全装置和防积炭等多种功能，具有加工效率高、功耗低、电极损耗小、可靠性好、操作简便等特点。

图 5-19　CTE300ZK 数控电火花成型机床

●具有 Z 轴数控功能，X、Y 轴采用精密光栅数显进行坐标显示，高频脉冲电源采用全数字化电路。具有输出波形稳定，峰值电流大，控制适应能力强等特点。采用触摸键盘进行参数输入设置。内部存储 70 组加工参数，并提供给用户存储 30 组加工参数的存储空间。功率级采用 IGBT 大功率三极管，提供稳定可靠的大功率输出。

四、数控电火花成型加工机床操作

机床操作面板是人机对话和交换的窗口，主要由一些功能键、数字键、字母键、操作键组成。

1. 开机

数控电火花成型加工机床的开机很简单，一般只需要敲击一下"ON"键或者旋动开关到"ON"的位置，接下来就需要进行回原点或机床的复位操作。有的机床需要手动对各个坐标轴进行回原点操作，而且一般是先回 Z 坐标轴，然后再回 X，最后回 Y；有的机床的自动化程度较高，只需要敲击一下回原点键，机床便可自动回原点（自动回原点的顺序也是先回 Z，再 X，最后 Y）。如果不按照顺序，则可能会使工具电极和工件或夹具发生碰撞，从而导致短路或使工具电极受到损伤。

2. 工件的安装

工件的安装就是使工件在机床上有准确且固定的位置，使之利于加工和编写程序。安装时，一定要将工件固定，以免在加工时出现振动或移动，从而影响加工精度。同时要尽量考虑用基准面作为定位面，从而省去烦琐的计算，达到简化编程的目的。例如使用磁力吸盘装夹零件时，一般都将工件的底面放在吸盘上，另一个面紧贴在吸盘的侧面定位面上定位，然后将打开吸盘的磁力开关即可。

3. 工具电极的安装

工具电极的安装精度直接影响到加工的形状精度和位置精度，所以其安装至关重要。一般电极都要求和 XY 平面（也就是水平面）垂直，且在 Z 轴方向也要符合要求，否则就可能导致加工出来的形状不符合要求，或出现位置偏差。一般都要通过杠杆百分表来对电极的 XY，方向找正，同时还要对它的 Z 方向找正。

4. 加工原点的设定

电极的定位一般是通过靠模来实现的。所谓的靠模就让数控装置引导伺服驱动装置驱动工作台或电极，使工具电极和工件相对运动并且接触，从而数字显示出工件相对于电极的位置的一种方法。靠模之后，我们就知道电极当前的位置，然后计算出加工位置距当前位置的距离，直接把电极移动相应的距离即可进行编程加工。如果加工位置正好在工件的中点或中心，则可以通过靠模然后启动"自动移到中点"或直接启动"自动寻心"即可。

5. 程序输入

通过靠模找到编程原点后，把编程原点的 X、Y 设为零，Z 设为 2.000。选择"程式编辑"的模式，再选择"多点加工"输入新程序名、靠模坐标系、安全高度、加工方式（单点或多点加工）。然后按 Esc 键返回上一个界面，进入"十段深度"，选择"输入资料"，输入电极和工件材料、最大和最小电流、加工深度、摇动类型、摇动尺寸。

6. 程序运行

启动程序前，应仔细检查当前即将执行的程序是否是加工程序。程序运行时，应注意放电是否正常，工作液液面是否合理，火花是否合理，产生的烟雾是否过大。如果发现问题，应立即停止加工，检查程序并修改参数。取下工件，用相应测量工具进行检测，检查是否达到加工要求。

7. 零件检测

常用的检测工具有：游标卡尺、深度尺、内径千分尺、塞规、卡规、三坐标测量机等，针对不同的检测对象合理选用。

8. 关机

关机的方式一般有两种：一种叫硬关机，另一种叫软关机。

硬关机就是直接切断电源，使机床的所有活动都立即停止，这种方法适用于遇到紧急情况或危险时紧急停机，在正常情况下一般不采用。具体操作方法是按下急停按纽，再按下"OFF"键。

软关机则是正常情况下的一种关机方法，它是通过系统程序实现的关机。具体操作方法是在操作面板上进入关机窗口，按照提示输入"YES"或"Y"确认后，系统即可自动关机。

五、程序的编制

数控电火花加工时要使用数控加工程序，这里以北京阿奇工业电子有限公司生产的SF510F为例，说明电火花数控加工指令。

该机床的坐标轴规定如下：

左右方向为 X 轴，主轴头向工作台右方运动时为正方向；

前后方向为 Y 轴，主轴头向工作台立柱侧运动时为正方向；

上下方向为 Z 轴，主轴头向上运动时为正方向。

1. 基本功能

对于本系统支持的 G00、G01、G02、G03、G04、G17、G18、G19 等不再说明。

（1）镜像指令 G05、G06、G07、G08、G09

G05 为 X 轴镜像；

G06 为 Y 轴镜像；

G07 为 Z 轴镜像；

G08 为 X、Y 轴变换指令，即交换 X 轴和 Y 轴；

G09 为取消图形镜像。

说明：

●执行一个轴的镜像指令后，圆弧插补的方向将改变，即 G02 变为 G03，G03 变为 G02，如果同时有两轴的镜像，则方向不变。执行轴交换指令，圆弧插补的方向将改变。

●两轴同时镜像，与代码的先后次序无关，即"G05 G06;"与"G06 G05;"的结果相同。

●使用这组代码时，程序中的轴坐标值不能省略，即使是程序中的Y0、X0也不能省略。

（2）跳段开关指令 G11、G12

G11 为"跳段 ON"，跳过段首有"/"符号的程序段。

G12 为"跳段 OFF"，忽略段首有"/"符号，照常执行该程序段。

（3）编程单位选择指令 G20、G21

这组代码应放在 NC 程序的开头用于选择单位制。G20 表示英制，有小数点为 in，否则为 1/10000in，如 0.5in 可写作"0.5"或"5000"。

G21 表示公制，有小数点为 mm，否则为 μm，如 12mm 可写作"12"或"12000"。

（4）旋转指令 G26、G27

格式：G26RA。

G26 为旋转打开，RA 给出旋转角度，加小数点为度，否则为 1/1000 度。如"G26 RA60.0;"表示图形旋转 60 度，图形旋转功能仅在 G17（XOY 平面）和 G54（坐标系 1）

条件下有效，否则出错。

G27 为旋转取消。

（5）尖角过渡指令 G28、G29

G28 为尖角圆弧过渡，在尖角处加一个过渡圆，缺省为 G28。

G29 为尖角直线过渡，在尖角处加三段直线，以避免尖角损伤。

（6）抬刀控制指令 G30、G31、G32

G30 为指定抬刀方向，后接轴向指定，如"G30 Z +"，即抬刀方向为 Z 轴方向。

G31 为指令按加工路径的反方向抬刀。

G32 为伺服轴回平动中心点后抬刀。

（7）电极半径补偿指令 G40、G41、G42

G41 为电极半径左补偿。

G42 为电极半径右补偿。它是在电极运行轨迹的前进方向上，向左或向右偏移一定量，偏移量由"H×××"确定，如"G41 H×××"。

（G40 为取消电极半径补偿。

（8）补偿值（D，H）　较常用的是 H 代码，从 H000 ~ H099 共有 100 个补偿码，可通过赋值语句"H××× = ＿＿＿＿＿"赋值，范围为 0 ~ 99999999。

（9）G54、G55、G56、G57、G58、G59　这组代码用来选择坐标系，可与 G92、G00、G91 等一起使用。

（10）感知指令 G80　G80 指定轴沿着指定方向前进，直到电极与工件接触为止，方向用" +"、" -"号表示（" +"、" -"号均不能省略）。如"G80 X -;"使电极沿 X 轴负方向以感知前进，接触到工件后，回退一小段距离，再接触工件，再回退，上述动作重复数次后停止，确认已找到了接触感知点，并显示"接触感知"。

接触感知可由三个参数设定：
- 感知速度，即电极接近工件的速度，从 0 ~ 255，数值越大，速度越慢；
- 回退长度，即电极接近与工件脱离接触的距离，一般为 2501μm；
- 感知次数，即重复接触次数，从 0 ~ 127，一般为 4 次。

（11）回极限位置指令 G81　G81 使指定的轴回到极限位置停止，如"G81 Y -;"使机床 Y 轴快速移动到负极限后减速，有一定过冲，然后回退一段距离，再以低速到达极限位置停止。

（12）G82　G82 使电极移动到指定轴当前坐标的 1/2 处，假如电极当前位置的坐标是（X100，Y60），执行"G82 X"命令后，电极将移动到 X50.0 处。

（13）读坐标值指令 G83　G83 把指定轴的当前坐标值读到指定的 H 寄存器中，H 寄存器地址范围为 000 ~ 890。例如："G83 X012;"把当前 X 坐标值读到寄存器 H012 中；"G83 Z053;"把当前 Z 坐标读到寄存器 H053 中。

（14）定义寄存器起始地址指令 G84　G84 为 G85 定义一个 H 寄存器的起始地址。

（15）G85　G85 把当前坐标值读到由指定了起始地址的 H 寄存器中，同时 H 寄存器地址加 1。

例如：G90 G92 X0 Y0 Z0

G84 X100;　　　　　　　X 坐标值放到由 H100 开始的地址中

G84 Y200;　　　　　　　Y 坐标值放到由 H100 开始的地址中

G84 Z300;　　　　　　　Z 坐标值放到由 H100 开始的地址中

G85　X

G85　Y

G85　Z

执行上述指令后，H100＝0，H300＝0。

（16）定时加工指令 G86　G86 为定时加工指令。地址为 X 或 T 时，本段加工到指定的时间后结束（不管加工深度是否达到设定值）；地址为 T 时，在加工到设定深度后，启动定时加工，再持续加工指令的时间，但加工深度不会超过设定值。G86 仅对其后的第一个加工代码有效。时、分、秒各两位，共两位数，不足补 0。

　　例：G86 X00 1000；加工 10min，不管 Z 是否达到深度 –20mm 均结束

　　　　G01 Z –20

（17）G90、G91

G90 为绝对坐标编程指令，即所有点的坐标值均以坐标系的零点为参考点。

G91 为增量坐标编程指令，即当前点坐标值是以上为参考点度量的。

（18）坐标系设定指令 G92　G92 把当前点设置为指定的坐标值。如"G92 X0 Y0;"，把当前点设置为（0，0）；又如"G92 X10 Y0;"把当前点设置为（10，0）。

注意：

● 在补偿方式下，遇到 G92 代码，会暂时中断补偿功能。

● 每个程序的开头一定要有 G92 代码，否则可能发生不可预测的错误。

● G92 只能定义当前坐标系中的坐标值，而不能定义该点在其他坐标系的坐标值。

（19）G53、G87　在固化的子程序中，用 G53 代码进入子程序坐标系；用 G87 代码退出子程序坐标系，回到原程序所设定的坐标系。

2. M 代码、C 代码和 T 代码

（1）M 代码

● M00　执行 M00 代码后，程序暂停运行，按 Enter 键后，程序接着运行下一段。

● M02　执行 M02 代码后，整个程序结束运行，所以模态代码的状态都被复位，也就是说上一个程序的模态代码不会影响下一个程序。

● M05　执行 M05 代码后，脱离接触一次（M05 代码只在本程序段有效）。当电极与工件接触时，要用此代码才能把电极移开。

● M98　其格式为"M98 P×××L×××"。M98 指令使程序进入子程序，子程序号由"P×××"给出，子程序的循环次数则由"L×××"确定。

● M99　表示子程序结束，返回主程序，继续执行下一段程序。

（2）C 代码　在程序中，C 代码用于选择加工条件，格式为 C×××，C 和数字不能有别的字符，数字也不能省略，不够三位要补"0"，如 C005。各参数显示在加工条件显示区中，加工中可随时更改。系统可以存储 1000 种加工条件，其中 0～99 为用户自定义加工条件，其余为系统内定加工条件。

（3）T 代码　T 代码有 T84、T85。T84 为打开液泵指令，T85 为关闭液泵指令。

3. R 转角功能

R 转角功能是在两条曲线的连接处加一段过渡圆弧，圆弧的半径由 R 指定，圆弧与两条曲线均相切。程序指定 R 转角功能的格式为：

G01 X _ Y _ R _ ；

G02 X_ Y_ I_ J_ R_ ；

G03 X_ Y_ I_ J_ R_ ；

R 转角功能的几点说明：

- R 及半径值必须和第一段曲线的运动代码在同一程序内。
- R 转角功能仅在有补偿的状态下（G41，G42）才有效。
- 当用 G40 取消补偿后，程序中 R 转角指定无效。
- 在 G00 代码后加 R 转角指定无效。

4. 应用实例

工具电极为圆形，有自由平动加工，其工艺数据如下：

停止位置：1.000mm。

加工轴向：Z－。

电极形状：圆形。

材料组合：铜—钢。

工艺选择：标准值。

加工深度 = 10.000mm。

尺寸差 = 0.600mm。

粗糙度 = 2.000μm。

电极直径 = 20.000mm。

平动半径 = 0.3mm。

加工程序（为了便于阅读，指令间加了空格，实际编程无需加空格）如下：

T84

G90

G30 Z +

H970 = 10.0000 （machine depth）

H980 = 1.0000 （up – stop position）

G00 Z2 + H980

M98 P0130

M98 P0129

M98 P0128

M98 P0127

M98 P0126

M98 P0125

P0130

G00 Z + 0.5

G130 OBT001 STEP0050

G01 Z + 0.2500 – H970

M05 G00 Z0 + H980

M99

P0129

G00 Z + 0.5

G129   OBT001   STEP0160

G01 Z + 0. 1750 – H970

M05 G00 Z0 + H980

M99

P0128

C00 Z + 0. 5

C128   OBT001   STEP0204

G01   Z + 0. 1200 – H970

M05 G00 Z0 + 980

M99

M99

P0127

G00   Z + 0. 5

C127   0BT004   STEP0238

G01   Z + 0. 0775 – H970

M05   G00 Z0 + H980

M99

P0126

C00 Z + 0. 5

C126   OBT001   STEP0256

C01   Z + 0. 0550 – H970

M05   G00 Z0 + H980

M99

P0125

G00   Z + 0. 5

C125   OBT001   STEP0275

C01   Z + 0. 0250 – H970

M05   G00 Z0 + H980

程序中的 OBI 用来指定平动类型，由三位十进制数组成，组成情况如表 5-8 所示。

表 5-8　平动类型对照表

伺服平面 \ 图形		不平动	〇	口	◇	×	+
自由平动	XOY 平面	000	001	002	003	004	005
	XOZ	010	011	012	013	014	015
	YOZ	020	021	022	023	024	025

第三节 数控激光加工机

一、数控激光加工机概述

激光是利用原子受激辐射原理在激光器中使工作物质受激励而获得光放大后射出的光。它是一种理想的切割热源，具有单色性好、定向性好、相干性好、功率密度和亮度高等特点，具有极好的聚积性。

激光发生器与数控机床结合就构成了数控激光加工机，目前国内外使用的最普遍的工业激光加工机是数控激光切割机，其次还有数控激光硅片划片机，数控激光打孔机和数控激光热处理机床等。

激光切割是激光在适当的辐射条件下，光束聚焦在一个很小的平面上，焦点处可以得到很高的功率密度，如 CO_2 激光器在切割板材时、功率密度可达 $10^8 W/cm^2$，而利用聚焦透镜聚焦的阳光，其功率密度仅为 $10^3 W/cm^2$。将激光器发射出的高功率密度激光束聚焦在被加工板材的表面，在超高功率密度的前提下，热能被材料吸收，由此引起板材表面上照射点材料温度急剧上升。其加热速度可达 $10^{10} ℃/s$。产生的温度梯度大于 $10^6 ℃/cm$。到达沸点后，被照射处材料迅速融化、气化、烧蚀或达到燃点，并且形成孔洞。随着光束与工件的相对移动，最终使材料形成切缝。切割时配合与激光光束同轴的辅助气体喷到工件上，形成一定的气压将熔渣从切割缝隙中吹出。

激光切割与其他热切割方法相比，具有如下七大持点：

- 既能切割金属，又能切割各种非金属材料，包括布匹、纸板等。
- 可实现高速切割，特别是薄板，切割速度可达每分钟几米至十几米。
- 切割质量好。由于激光的光斑小、能量密度高，切割速度又快，故能获得良好的切割质量。

a. 切口宽度小，一般为 0.15mm 左右；

b. 切割面光洁美观，粗糙度达 $Ra10\mu m$ 级，一般切割后不需机加工。

c. 热变形影响区小，在某些场合，热影响区在 0.05mm 以下。

d. 热变形很小，实现精细切割零件的尺寸精度可达 ±0.05mm。

- 能够多工位操作，一台激光器通过光缆可供几台工作台切割。
- 利用机器人可切割三维零件。
- 切割时割炬等与工件无接触，没有工具的磨损问题生产率。
- 噪声和振动小，对环境基本无污染。

二、程序的编制

数控机床加工必须是在编制的程序控制下进行，因此没有正确的程序，加工机床的诸多功能就无法体现出来。据资料介绍，程序的编制和试加工一般要占到总加工时间的 10% ~ 15%。因此，如何准确、迅速地编制工件的加工程序是激光加工中不可忽视的一个问题。下面主要介绍手工程序编制的基本方法和技巧。

1. 编程前的准备工作

编程前的准备工作是十分必要的，完善的前期准备工作，可以降低程序员在编程中出错的可能性，不论是手工编程还是自动编程，编程前均要做好完备的前期准备工作。

首先，必须通览图纸，选择合适的编程坐标系，编程坐标系的选取并不影响加工工件的外形，而只会影响编程员的编程效率，一般的选择原则是：对称的工件尽可能选择正中心作为编程坐标原点；不对称的工件尽可能选择与之相关尺寸较多的点作为原点（一般我们选择工件图纸的左下角）。

坐标系选定后，就要将一些没有直接尺寸标注的坐标先换算出来。比如图纸中只标定了一个长方形的中心坐标，那么四个顶点的坐标值就要预先用加减法计算得出。对于带公差的尺寸也要换算出来，换算的依据就是取中间公差。比如某长度尺寸标注为 1800_0^{+2}，那么就要选择 1801 作为编程尺寸。以上这些步骤对于手工编程尤其重要，它可减轻编程人员很大一部分的计算工作量，降低编程出错率。对于没有表达式输入功能的自动编程系统，上述准备工作也是必要的。

然后，要通盘考虑加工的先后顺序问题，按照"先内形，后轮廓"的总原则，对于内型腔的加工要注意路径的优化，要尽可能选取最短的加工路径。

2. 手工编程

编程准备完成后就可以进入手工编程了，首先必须按照固定的格式写入头几段程序，比如说在 SPECTRMM－80 激光切割机的程序中，第一行必须先写入一个左括号"（"，然后再写入程序号"＊"；第二行也要以一个左括号开头，再加上一段说明作为程序的标题，如"TXJ2－0l－02L－F－R 1993.3.10"；第三行必须指明采用的是绝对值编程方式还是增量编程方式，分别用 G90 和 G91 加以识别，并且还必须指出是采用公制还是英制编程，分别用 G71 和 GT0 加以识别，比如 G71 G90 表示采用公制绝对值式编程；第四行要给出加工的进给速度，例如 F2000.0；第五行是起始点的坐标值，如"G50 X－3 Y103"，以上五行结束后才能正式进入几何编程。

以下是一段完整的程序清单。

（100

（SS4. 1000 ＊ 500 ＊ 2. 5mm

1992－3－9 M－W－P

G71 G91

F3500. 0

G50 X0 Y0

SPECTRUKM－820 的几何指令很简单，直线加工指令格式为 G1 ＿ X ＿ Y ＿ ；直线定位指令格式为 G0 X ＿ Y ＿ ；圆弧加工指令格式分别为：顺圆 G2 X ＿ Y ＿ I ＿ J ＿ ，逆圆 G3 X ＿ Y ＿ I ＿ J ＿ 。式中 X、Y 后接的数值，在绝对编程方式下表示终点的绝对坐标值；在增量方式下，表示终点相对于起点的坐标值，I、J 后接的数值表示圆心相对于圆弧起点的相对坐标值，图 5-20 给出了这些指令的定义图示。

辅助功能指令 M 是有限的，主要有开关指令 M10，暂停指令 M00，提刀指令 M16，落刀指令 M15 等，它们主要用于控制切割机的一些非几何动作，编程员最好也要熟记这些指令。

在手工编程结束后，编程员最关心的就是所编程序是否符合要求，对于几何指令而言，主要就是每一指令对应的坐标值与图纸上的值是否吻合，圆弧指令是否满足起始点和终点与

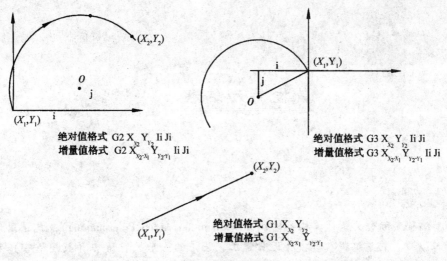

絕对值格式 G2 X$_{X2}$ Y$_{Y2}$ Ii Ji
增量值格式 G2 X$_{X2-X1}$ Y$_{Y2-Y1}$ Ii Ji

絕对值格式 G3 X$_{X2}$ Y$_{Y2}$ Ii Ji
增量值格式 G3 X$_{X2-X1}$ Y$_{Y2-Y1}$ Ii Ji

絕对值格式 G1 X$_{X2}$ Y$_{Y2}$
增量值格式 G1 X$_{X2-X1}$ Y$_{Y2-Y1}$

图 5-20　指令定义图

圆心点的距离一致，这一点最容易产生错误。如果每一加工轨迹的坐标值与图纸不符就会出现废品，而如果编制的程序的起点和终点与圆心的坐标不一致，上机加工时就会导致加工检验出错，加工程序死锁，也浪费加工钢材，因此手工编程的检验是十分必要的。

为了减轻编程工作量，编程员最好预先将所有可能求切点坐标的公式一一开列出来。

在手工编程过程中，为了减少定位出错，对于定位移动指令 G0 最好采用绝对坐标方式，比如加工完一个内型腔后再次定位至一内型腔加工时，最好在程序中将坐标方式改为绝对方式，这样利于检查和修改内型腔的位置，加工内型腔最好采用增量坐标方式，这样利于检查和修改局部内型腔的加工工序。

此外，对于有相同形状的内型腔最好采用定义子程序的方法编程，只要将子程序编制正确，再在相应的位置加以调用、镜像和旋转，就可以降低重复编程时的差错，减少编程时间，利于检查程序的正确性。

每章一练

1. 请简要叙述电火花线切割加工机床的组成和结构特点。
2. 线切割的程序格式有哪几种？掌握 3B 和 ISO 格式程序的编程方法。
3. 数控电火花成型加工原理及机床的特点是什么？
4. 数控电火花成型机床如何分类？
5. 激光切割有何特点？了解数控激光加工机及其程序编制方法。

第
六
章

数控自动编程

 本章概述

自动编程实际含义是计算机辅助编程（Computer Aided Programming），就是用计算机代替手工编程。首先编程人员按接近日常工艺词汇的一套编程语言（数控语言）及其格式，把加工零件的有关信息，如零件的几何形状、尺寸、材料、加工要求或切削参数、走刀路线、刀具等编制成零件加工程序（源程序），该程序通过适当的媒介输入到计算机中去，然后由计算机通过预先存入的自动编程系统（编译程序）对其进行编译、计算和自动处理，最后得到并且输出数控机床加工所要求的信息。如输出工件的加工程序单、穿出纸带孔、将程序录入磁盘，或通过通信电缆和接口将程序直接传输给数控设备，或输给 CRT、绘图仪，自动显示刀具轨迹和绘制出加工图，用以检查自动编程的正确性。

 教学目标

1. 掌握自动编程基础知识。
2. 熟悉 Mastercam 的二维、三维图形建构和处理。

＊ ＊ ＊ ＊ ＊ ＊ ＊ ＊ ＊ ＊ ＊

第一节 自动编程概述

一、自动编程系统的基本类型

根据编程信息的输入和计算机对信息的处理方式的不同，自动编程系统主要分为语言输入式和图形交互式两类。

早期的自动编程系统属于语言式系统，即编程员需将全部加工内容用数控语言编写零件源程序，输入计算机，相应的自动编程系统对源程序进行编译、计算、处理完毕后，输出可以直接用于数控机床的加工程序。如美国研制的 APT（Automatically Programmed Tool）和南京理工大学开发的 EAPT 自动编程系统等。

图形交互式也称为图形数控编程。它与基于编程语言的系统不同，它不需要编写源程序，而是采用鼠标和键盘，通过激活屏幕上的相应菜单，画出工件图形，当零件的几何细节在屏幕上完成后，采取回答问题的方式输入刀具、进给速度、主轴转速、走刀路线等信息，

将工件加工程序编制出来。还可根据具体的零部件的实际形状以及加工要求，选择合适的走刀路线，模拟该零部件的加工过程，如 Unigraphics、PRO/Engineering、CADAM、CAMAX、Mastercam 等编程系统具有形象、直观等优点，使得零件设计和数控编程连成一体。

二、自动编程系统的基本组成

自动编程系统由计算机＋外设＋自动编程软件组成。其基本原理如图6-1。一个完整的自动编程软件，必须包括主处理程序（Main Processor）和后置处理程序（Post Processor）两部分。

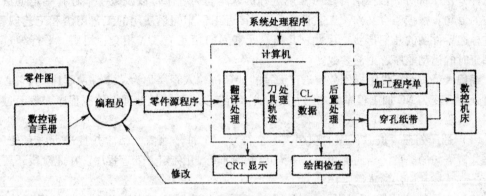

图6-1　计算机自动编程原理

主处理程序的功能是接收用户输入的信息，并且对它进行编译、计算、处理，将刀具路径数据在一般的坐标系中表现出来，经处理的结果按一定格式放置在一个专门文件中。这种文件称为刀位数据 CLD（Cutter Location Data）文件，但刀位数据不是数控加工程序，不能直接用做数控装置的控制指令，因此必须有一个后置处理程序。后置处理程序是自动编程系统的重要组成部分，它是按数控机床的功能及数控加工程序格式的要求而编写的一个计算机程序。它将 CLD 文件的内容和功能信息转换成某种数控机床控制单元所能接受的数控加工程序代码，并且将该程序输出，用于控制机床并且产生各种加工功能和加工运动。一个自动编程软件一般配有多个后置处理程序，以适用多种型号的数控机床。

三、自动编程系统的信息处理过程

1. 图形交互式自动编程系统的信息处理过程

图形交互式自动编程是建立在 CAD 和 CAM 的基础上的，其处理过程见如下3点。

（1）几何造型　几何造型就是利用图形交互自动编程软件的图形构建、编辑修改、曲线曲面造型等功能，将零件被加工部位的几何图形准确地绘制在计算机屏幕上，同时，在计算机内自动形成零件图形的数据文件，作为下一步刀具轨迹计算的依据。自动编程过程中，软件将根据加工要求提取这些数据，进行分析判断和必要的数学处理，以形成加工的刀具位置数据。

（2）刀具路径的产生　图形交互式自动编程的刀具轨迹的生成是面向屏幕提示的，用光标选择相应的图形目标，点取相应的坐标点，输入所需的各种参数。软件将自动从图形文件中提取编程所需要的信息，进行分析判断，计算节点数据，且将其转换为刀具位置数据，存入指定的刀位文件中或直接进行后置处理，生成数据加工程序，同时在屏幕上显示刀具轨迹图形。

（3）后置处理　后置处理的目的是形成数控加工文件。由于各种机床使用的控制系统不同，所用的数控加工程序其指令代码及格式也有所不同。为此，软件通常设置一个后置处理惯用文件，在进行后置处理前，编程人员根据具体数控机床指令代码及程序的格式，事先编辑好这个文件，才能输出符合数控加工格式要求的 NC 加工程序。

2. 语言式自动编程系统的信息处理过程

语言式自动编程系统分成数控语言编写的零件源程序、通用计算机以及编译程序（系统软件）三个部分。数控语言是一套规定好的基本符号、字母以及数字，且有一定词法和语法的语句。数控语言又称"工艺语言"，它接近工厂车间里使用的工艺用语和工艺规程。用它描述零件图的几何形状、尺寸、几何、元素间的相互关系（相交、相切、平行等）以及加工时的运动顺序、工艺参数。

编程人员按照零件图样用数控语言编写的计算机输入程序称为"零件源程序"。它必须经过处理后变为 NC 加工程序单才能为数控机床所接受。计算机处理零件源程序一般经过下列三个阶段，参见图 6-1。

（1）翻译处理　按源程序的顺序，一个符号一个符号地依次阅读并且进行语言处理。首先分析语句的类型，当遇到几何定义语句时，则转入几何定义处理程序。在此阶段还要进行十进制转换和语法检查等工作。

（2）刀具轨迹处理　该阶段的工作类似于手工编程时的基点和节点坐标数据的计算。其主要任务是处理连续运动语句。计算的结果（刀具位置数据）以规定的形式存储。

（3）后置处理　按照计算阶段的信息，处理成符合具体数控机床要求的零件加工程序。该加工程序可以通过打印机打印，也可以做成穿孔带，或直接通过通信接口传送至 CNC 的存储器予以调用。

第二节　Mastercam 基础知识

一、Mastercam 简介

1. 综述

Mastercam 是美国 CNC Software 公司研制的专门用于微型计算机的自动编程系统，是典型的 CAD/CAM 软件，特别适用于具有复杂外形及各种空间曲面的模具类零件的自动编程。目前，Mastercam 有多种版本，使用较多的是 8.0 版或更高的版本。

Mastercam 8.0 不仅可以完成产品二维、三维图形（包括点、线、圆弧、聚合线、曲面、椭圆、文字和实体）的设计，更能完成各种类型数控机床的自动编程，它包括数控铣床（2~5轴）、车床（C 轴）、线切割机（4 轴）、激光切割机、加工中心等的编程加工。它可以与其他 CAD 软件的输出图形格式相容，如 DXF、IGES、STL、SAT、CADL、VAD、SCII、DWG 档等。本书限于篇幅只介绍有关图形制作等主要功能及 Mastercam 铣床模组 NC 编程。

2. Mastercam 8.0 环境介绍

进入 Mastercam 8.0 后，呈现如图 6-2 所示的用户屏幕。

系统中的屏幕分为绘图区、主菜单区、辅助菜单区、系统提示区以及最上方的快捷指令图示区五大区域。绘图区是我们最常用到的区域，它是设计图纸所呈现的区域，当有外部的图形转入或利用 Mastercam 所绘制的图形都将由此区域呈现出来；主、辅菜单区位于屏幕的左边；系统提示区显示操作的状态及键盘输入的内容；快捷指令图示区将所有的 Mastercam 指令变成快捷小图标，其左边有两个箭头可以切换上、下一页快捷指令图标，并且使用者可以自行定义其他快捷功能。

（1）主菜单区 它提供所有的基本功能，所有的 Mastercam 功能都由此功能再延伸下去，也就是 Mastercam 的指令架构是属于树枝状的。如图 6-3 所示为绘制一个矩形的菜单选取过程。

该系统的主菜单功能说明见表 6-1。

（2）辅助菜单区 它提供 Mastercam 构图时，构图的视角、构图面、深度、颜色、线条等的设定和显示。其主要功能说明见表 6-2。

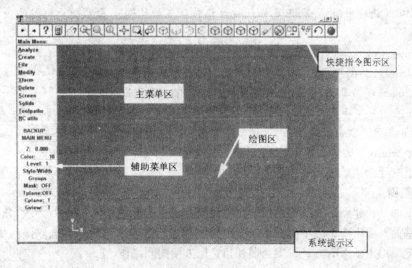

图 6-2 用户屏幕

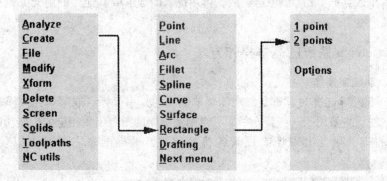

图 6-3 菜单选取过程

二、构图面、构图视角与深度设定

无论要构建 2D 或 3D 的图形，首先的工作就是设定构图面、图形视角以及工作深度，当这些都设定好后，就可以在所设定的构图面上指定深度处建构 2D 或 3D 的图素。

1. 构图平面（Cplane）

副菜单区中的 Cplane 项用来定义当前的构图平面。当选取该命令选项后，出现如下菜单选项。

- 3d（等视角视图）：在三维空间构建图形，所绘制的图素的工作深度可以不同。
- Top（俯视图）：构建上视图，即 XY 平面。
- Front（前视图）：构建前视图，即 ZX 平面。
- Side（侧视图）：构建侧视图，即 YZ 平面。
- Number（视角号码）：当所设定的构图面并不是系统所提供的构图面时，系统所给的一个视角号码；该选项是让用户设置构图平面在预先定义视图号上。
- Last（选择上次）：选择先前构图面的设定。
- Entity（图素定面）：以图素设定构图面。
- Rotate（旋转平面）：利用鼠标或键盘旋转现在的构图平面至一个给定的角度，设定构图面。
- Normal（法线面）：利用图素的法线作为构图面的参考线。
- =Gview（构图视角）：改变构图平面，与现有构图视角相配合。
- =Trplane（刀具面）：改变构图平面，与现有刀具平面相配合。
- Save named（存储已定义的名字）：将现有的构图平面以绘制的图形的名字存储。
- Get named（取出定名视角）：选取已定名构图平面图像。
- Edit named（编辑名字）：用于编辑已定义的视角。

可用上列任一菜单定义使用者当前的构图平面。

2. 构图视角

构图平面是构建图形的基面，而构图视角只是观察图形的方位，所以改变视角并不会改变构图的基面。在副菜单区中的 Gview 项用来定义当前的构图视角。当选取该命令选项后，可用类似定义构图平面的方式设置当前视角，以方便构图操作。

3. 工作深度

在辅助菜单区点选"Z"菜单选项后，可用键入的数值或其他点的定义方式完成构建平面的深度设置。

三、Mastercam 系统的基本操作方法

1. 菜单及功能键操作

Mastercam 的整个工作过程都是靠功能菜单驱动的，用鼠标点取菜单并按屏幕提示进行操作。鼠标的左键一般用于选择指令，而右键则随不同的指令出现相应的一些功能，如在绘图区中间按右键，则会出现控制视景的快捷菜单，鼠标的左右键都可以代替键盘的Enter 键。

若要选择功能表上的任一指令，可用鼠标选取或键入该指令的带下画线的字母（如 Analyze 时键入 A），这样，系统就进入该目录的下一级子目录。同样，从某一级子目录选择相应指令，又可以进入更下一级的子目录，如此逐步进入各级子目录。在每级子目录中，都会出现 BACKUP 和 MAIN MENU 的功能，选择 BACKUP 时可退回前一级的目录，选择 MAIN MENU 时可直接退回主目录。如果选择的是某种操作指令，如绘图、连接某种刀具路径等，则在屏幕底部的提示中出现简短的提示，可按提示完成相应的操作。

表6-1　Mastercam 8.0主菜单选项及其说明

功　能	含　义	简　要　说　明
Main menu	主目录	表示系统目前处于主阶层，即根目录下
Analyze	分析	对屏幕下显示的几何元素（点、圆弧、Spline 曲线等）进行相关资料的分析，例如两点间距离、角度、半径、长度等
Create	图形构造	构建各种几何元素，显示于屏幕之上且可存储
File	文件	执行文件的存取、编辑、转换、删除、通信、打印等多种操作
Modify	修改	对已绘出的图形进行修整、倒圆、打断和连接等多种操作
Xform	转换	相对于构图平面用镜像、旋转、比例等多种功能去转换屏幕上的几何图形
Delete	删除	用于构图时删除屏幕上的某一个几何元素或一组几何元素
Screen	屏幕	用来改变屏幕上的中心、宽度、放大、缩小、颜色及层的开启等
Solids	实体模型	用挤压、旋转、举升、扫描、倒圆角、外壳及修剪等方法构建实体模型
Tool paths	刀具路径	进入刀具路径菜单，给出刀具路径选项
Nc utils	NC 管理	进入公共管理菜单，给出编辑、管理和检查刀具路径
BACKUP	返回	返回前一级目录
MAIN MENU	跳回	跳回主目录

表6-2　Mastercam 8.0次功能表的功能及说明

功　能	含　义	简　要　说　明
Z 0.000	Z 轴深度	显示并且改变当前构图平面的工作深度，Mastercam 提供多种方法设定（如选择抓点方法）该深度
Color：10	颜色	显示并且改变当前绘图时所使用的颜色
Level：1	层	显示并且改变当前绘图时需要构建的几何元素所在的层
Style/Width	线型/线宽	设定构建图形所使用的线型或线宽
Groups	组群	对屏幕上选取的图素进行组群变为一个整体，及对组群进行调用、查看、删除等
Mask：OFF	屏蔽	设定当前绘图时可用的层，只有被 Mask 所指定的层中的元素才能被择，OFF 表示所有层的元素都可能被选取
Tplane：OFF	刀具面	设定目前使用的加工平面
Cplane：T	构图平面	显示并且改变当前被使用的构图平面
Gview：T	图形视角	显示并且改变当前被使用的图形视角

另外，快捷指令图示区提供另一种工作方式，所有的按钮提供一步进入 Mastercam 8.0

的功能。Mastercam 8.0 还设定一些与系统操作相关的快速功能键，如表 6-3 所示。

键盘的方向键代表平移方向，Alt 键加一个箭头，图形在屏幕上作上、下、左、右倾斜。Page Up、Page Down 代表动态放大缩小，End 代表动态旋转，按任意键停止旋转。

表 6-3　Mastercam 8.0 常用快速功能键

快捷键	功　　能	快捷键	功　　能	快捷键	功　　能
F1	视窗放大	Alt + F1	适度化	Alt + F	设定功能表字型
F2	缩小	Alt + F2	缩小到 4/5	Alt + G	格子设定
F3	重画	Alt + F3	光标所在坐标的切换显示	Alt + H	线上求助
F4	分析	Alt + F4	离开系统	Alt + J	工作设定
F5	删除	Alt + F5	删除视窗内的图素	Alt + L	设定线型
F6	档案	Alt + F6	编辑功能	Alt + M	列出记忆体的配制情况
F7	修整	Alt + F7	隐藏	Alt + O	操作管理
F8	绘图	Alt + F8	系统规则	Alt + P	提示区的切换显示
F9	显示屏幕上的资料	Alt + F9	显示坐标系	Alt + S	着色显示
Alt + 0	设定工作深度（Z）	Alt + 6	改变屏幕视角	Alt + T	刀具路径的切换显示
Alt + 1	设定绘图颜色	Alt + A	自动存档	Alt + U	回上一步
Alt + 2	设定系统层别	Alt + B	工具箱的切换显示	Alt + V	显示版本
Alt + 3	设定限定层	Alt + C	执行 C + Hook 应用程序	Alt + W	多重视窗设定
Alt + 4	设定刀具平面	Alt + D	绘图参数	Alt + X	转换
Alt + 5	设定构图平面	Alt + E	显示部分图素	Alt + Z	观看各层

2. 数据输入

当系统提示输入数据（如输入高度值、宽度、半径、角度等）时，有两种方法：直接在文本框中键入数据，然后按回车；键入一个字母的快捷方法，按回车。在 Mastercam 8.0 可使用下列 5 种快捷方式。

●X（或 Y，Z）——选一点输入 X，Y 或 Z 坐标值，当选择该项时，点输入菜单显示输入 X，Y 或 Z 坐标值。

●R（或 D）——输入选择圆弧的半径（或直径）值，当选择该项时，系统提示选择要用的圆弧半径（或直径）。

●L——输入一个现存直线、圆弧、聚合线的长度值，当选择该项时，系统提示选择要用的曲线长度。

●S——输入一个两点间的距离值，当选择该项时，显示点输入菜单，让用户输入两点。

●A——输入一个现存角度值，角度菜单显示定义角度的选项。

当输入一个值时，可以使用公式代替数，可用"＋"、"－"、"＊"、"／"和"［（）］"等表示。当输入 X、Y、Z 坐标时，若输入要和上一个值相同，就不要输入坐标值，若没有以前输入的坐标值，Mastercam 用零作为默认值。

第三节　Mastercam 二维图形构建

一、图形的构建

利用主目录中的 Create 功能，将会出现绘图菜单，如图 6-4 所示，除了 Mastercam 8.0 实体造型外的所有绘图指令都在这个菜单中。其中指令右边有 * 的记号，表示该指令为 C - Hook 应用程式，一些常用的 C - Hook 程式可以直接使用。C - Hook 程式是由 CNC Software Inc. 公司或其他使用 Watcom C/C++32 以及 Mastercam C - Hooks 专家，利用 C 语言所开发的特殊应用程式，能够构建相应的图形，如 Gear * 六具有构建一个齿形、一个渐开线正齿轮或内齿轮的全部齿的功能。使用者还可以装载 Mastercam 提供的其他 C - Hook 程式。

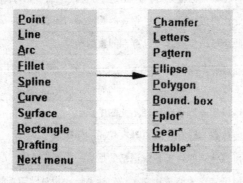

图6-4　绘图菜单

1. 点（Point）的绘制

Mastercam 8.0 提供十种点的绘制，Create→Point 将出现如图 6-5 所示的菜单。

- Position（位置）：根据子菜单的项目（见表6-4）在指定位置构建点。
- Along ent（等分绘点）：在一图元的两个端点之间产生一系列等距的点。
- Node pts（曲线节点）：捕捉已存在的 Spline 曲线的节点。
- cpts NURBS（控制点）：捕捉已存在的 NURBS 曲线或 3D 曲面的控制点。
- Dynamic（动态绘点）：可以用鼠标沿着已存在图元上的任何地方构建点。
- Length（指定长度）：在已存在图元上构建与端点一定距离的点。
- Slice（剖切点）：构建平面剖切某图元后的剖切点。
- Srf project（投影至面）：将点投影到平面上所构建的点。
- Grid（网格点）：构建一个矩形阵列分布的点。
- Bolt circle（圆周点）：以圆心为阵列中心构建一系列等距离的圆周点。

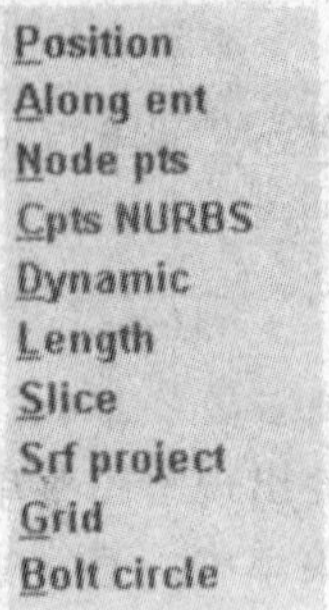

```
Position
Along ent
Node pts
Cpts NURBS
Dynamic
Length
Slice
Srf project
Grid
Bolt circle
```

图 6-5　点的构建菜单

表 6-4　抓点定义方式

定义方式	含　　义	用法说明
Origin	值输入	可在提示区输入 X，Y 点的坐标值产生点，也可用鼠标选取位置
Center	圆心点	此法可以定义一个已存在的圆或弧的圆心
Endpoint	端点	此法可以使点落于已存在图素的端点上
Intersec	交点	当点要落于两相交图元的交会点时，便可以利用该法，但图元一定要相交才行
Midpoint	中心	可以使点置于已存在图元的中点上
Point	存在点	使该点与已存在的点具有相同的坐标值
Last	选择上次	可以使点产生于系统记忆的最后一个点上
Relative	相对点	以已知点为原点建立相对坐标系输入相对已知点的坐标值
Quadrant	四等分点	可以抓取圆弧的四等分点，这些等分点位于 0，90，180 及 270 度
Sketch	任意点	可以使用鼠标左键在用户所定义的构图面与工作深度上定义一个点

2. 圆及圆弧（Arc）的构建

在 Mastercam 中若要绘制圆或弧，均使用 Create→Arc，其中有四种画弧指令。

- Polar（极坐标）：利用极坐标方式（输入圆心点、半径与起始、终止角度）来画弧。
- Endpoints（两点画弧）：利用通过两个端点及半径来画弧。
- 3points（三点画弧）：过三个已知点画弧。
- Tangent（切线）：通过两图素的切点画弧。
- Circ 2 pts（两点画圆）：以两端点为直径画圆。
- Circ 3 pts（三点画弧）：通过三个已知点画圆。
- Circ pt + ad（点半径圆）：输入圆心位置及半径绘圆。
- Circ pt + dia（点直径圆）：输入圆心位置及半径绘圆。
- Circ pt + edg（点边界圆）：输入圆心位置及圆周上的一点绘圆。

3. 直线（Line）的构建

Create→Line 指令可以绘制水平线、垂直线或任意线段在所设定的构图面工作深度上，也可以将构图面直接设为等角视图来绘制存在于 3D 的线段。各种方式的用法见表 6-5。

表6-5 直线的定义

方 式	含 义	使 用 方 法
Horizontal	水平线	在构图面所设定的 Z 上建构一条平行 X 轴的水平线，并指定该线段在 Y 轴位置
Vertical	垂直线	在构图面所设定的 Z 上建构一条平行 Y 轴的水平线，并指定该线段在 X 轴位置
Endpoints	任意线段	利用抓点方式定义两个点来产生任意线段，可以使用 3D 构图面来建立一条空间中的直线
Multi	连续线	以输入端点方式连续选择线段端点位置来产生连续线段，当构图面设为 3D 时，可以产生 3D 的连续线段，结束按 Esc 键离开
Pok	极坐标线	使用极坐标输入方式，利用设定端点、角度及长度等资料去定义一直线，可以使用此法构建水平线或垂直线
Tangent	切线	切一圆弧或两圆弧来建构一切线，它提供了三种方式： 1. Tangent – Angle：在指定角度上产生一条固定线长的直线并且相切于所选择的圆弧，输入的资料为：选欲相切的圆弧、输入相切角度及输入线段长度 2. Tangent – 2Arcs：切两圆弧制切线 3. Tangent – Point：切一圆弧且过已知点制切线，输入资料为：选点、选欲相切的圆弧并且指定切线的另一端点
Perpendclr	法线	可以产生与所选的线、圆弧或曲线垂直的线段
Parallel	平行线	产生与参考线段相平行的线
Bisect	分角线	在两交线间构建一条平分角度的线
Closest	封闭线	通过两条曲线（圆弧、曲线之间，或一条曲线和一点之间）构建一条与所选图素最短距离的封闭线段

4. 构建矩形（Rectangle）

Create→Rectangle，有如下三种构建方式。

- 1 Point（一点）：分别输入左下角坐标及高度、宽度等来绘制矩形。
- 2 Point（两点）：输入两对角线的两个点来绘制矩形。
- Options（选项）：用于设置形状，Mastercam 8.0 提供除矩形外的另外四种形状，Obround（键槽形）、Single D（D形）、Double D（双D形）、Ellipse（椭圆）。点选该功能时，将出现窗口让使用者选定绘制图形形状，如图6-6所示。

5. 构建倒圆角（Fillet）

Create→Fillet，可在两曲线间构建一个单一的圆角或沿一个或多个曲线用串联产生多个圆角。单击 Fillet 后，提示 Select an entity（选择需要倒角的图元），出现参数菜单，设定倒圆角参数。

- Radius（半径值）：改变倒圆角半径值。
- Angle<180（圆角角度）：在 S，L 和 F 间变换，分别设定倒圆角小于180度、大于180度或360度全圆。
- Trim（修剪延伸）：是否倒圆角完毕后修剪原图素。

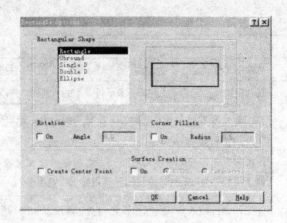

图6-6　绘制图形形状窗口

- Chain（串联）：将多个图素串接在一起倒圆角。

6. 构建椭圆（Ellipse）

Create→Next menu→Ellipse，构建椭圆的参数菜单。

- A radius（X轴半径）：输入椭圆X轴（长轴）半径。
- B radius（Y轴半径）：输入椭圆Y轴（短轴）半径。
- Start angle（起始角度）：输入椭圆起始角度。
- End angle（终止角度）：输入椭圆终止角度。
- Rot angle（旋转角度）：逆时针方向为正。
- Do it（执行）：设定好各参数后点击该功能，系统要求输入椭圆心坐标值。

7. 构建倒角（Chamfer）

Create→Next menu→Chamfer，该选项可使两条相交的线产生两段不同距离的倒角。

Distances（改距离）：更改倒角距离，可以改变两段距离值，第一段的距离值使用在所点选的第一图元上，第二段的距离值使用在所点选的第二图元上；如果只用预设值，可以直接按 Enter 键。

8. 构建多边形（Polygon）

Create→Next menu→Polygon，构建多边形参数菜单。

- No sides（边数）：输入多边形边数。
- Radius（半径值）：以内接圆的方式产生一个多边形。
- Start angle（起始角度）：以轴为基准，输入多边形的起始角度。
- Meas crnr Y（内接于圆）：若设为 Y，则表示以多边形角的顶点到多边形中心为半径；若设为 N，则表示以多边形边的中点到多边形的中点为半径。
- Make NURBS N（产生 NBS）：若设为 Y，则表示所产生的多边形为一曲线。
- Do it（执行）：设定好各参数后点击该功能，系统要求输入多边形中心坐标值。

9. 写文字（Letters）

Create→Next menu→Letters，该选项用于构建类似几何图形字母符号，Mastercam 8.0 提供以下 3 种方法来输入文字。

- True Type（真实字型）：用操作系统所安装的真实字型构建文字。
- Drafting（标注尺寸）：构建文字用于 Mastercam 8.0 标注尺寸的全部参数（字体、斜体、字高等），图形结果类似标注尺寸中的注释。

- File（文件）：用 Mastercam 8.0 的字体构建文字，它有 Block（立方体字）、Box（单线字）、Roman（罗马字）、Slant（斜体字）。

二、几何图形的编辑

Mastercam 还提供三种主要的图形编辑功能：Modify（修整）、Xform（转换）与 Delete（删除）。

1. 删除（Delete）

此功能用来删除屏幕上的图素。Mastercam 提供的选择方式有如下 9 种。

- Chain（串联）：用串联选择方法删除图素。
- Windows（视窗内）：删除框选范围内的图素。
- Area（区域）：用区域串联方法删除图素。
- Only（仅某图素）：只删除某一指定类型的图素。
- All（所有的）：删除指定类型的所有图素。
- Group（群组）：删除指定的现行群组图形。
- Result（结果）：删除图形转换后的结果。
- Duplicate（重复图素）：删除重叠在一起的图素。
- Undelete（回复删除）：回复删除动作。

2. 修整（Modify）

修整功能可以改变现在图素的性质，其菜单选项如下。

- Fillet（倒圆角）：用来修改屏幕上的几何图形，在相交的两图素间倒圆角。
- Trim（修剪延伸）：可以用于修剪或延伸图元到另一图元。
- Break（打断）：将图元分为两个或两个以上的图元。
- Join（连接）：将已经打断成两段的线、圆弧或 Spline 曲线再连接起来。
- Normal（法线方向）：更改曲面的法线向量。
- Cpts NURBS（控制点）：用于 NURBS 曲线的控制点。
- EXtend（延伸）：将弧或线延伸一个固定长度。
- X to NURBS（转成 NBS）：将线段或弧线转换成 NURBS 形式。
- Drag（动态移位）：可以动态地拖拉图素到定点。
- Cnv to arcs（曲线变弧）：NURBS 曲线转换成弧线。

3. 转换（Xform）

此功能用于改变屏幕上的几何图形的实际位置，使图形旋转或改变图形的比例大小等。其菜单选项有如下 9 项。

- Mirror（镜像）：将图素任一线段、X 轴、Y 轴镜像。
- Rotate（旋转）：可将图素对原点或任意一点旋转特定角度。
- Scale（等比例）：可将图素对原点或任意一点等比例缩放。
- ScaleXYZ（不等比例）：可将图素对原点或任意一点不等比例缩放。
- Translate（平移）：可将指定图素移动（或复制）到所指定距离处。
- Offset（单体补正）：可以对单一图素以设定值偏移补正。
- Ors ctour（串联补正）：可以对串联图素以设定值偏移补正。

● Stretch（牵引）：可将图素牵引到特定的位置。

● Roll（卷成圆筒）：可将图形卷成圆筒状。

当使用转换中的镜像、旋转、等比例、不等比例、单体补正指令时，出现图素选择方式菜单，可以根据需要选用。

第四节　Mastercam 三维造型

一般来说 Mastercam 8.0 提供三种曲面建构种类，具体的有几何图形曲面（Geometrical Surfaces）、自由成形曲面（Free – Form Surfaces）和编辑曲面（Derived Surfaces）等。Mastercam 8.0 还新增实体模型（Solids），Mastercam Solid 提供直觉式的设计，更可以让线架构、曲面与实体模型相互结合使用，可在复杂的曲面模型中加入实体模型，也可加入线架构或曲面于实体模型中。

一、自由成形曲面

自由成形曲面并不是特定形状的几何图形，一般是根据直线和曲线决定其形状的。Mastercam 提供直纹曲面、昆氏曲面、举伸曲面及扫描曲面四种曲面技术来建构此类曲面。

1. 直纹曲面（Ruled）和举升曲面（Loft）的构建

直纹曲面和举升曲面是将 2 个或 2 个以上的断面外形串接起来而构建的曲面。所不同的是，直纹曲面的熔接方式是以线性方式进行的，而举升曲面的熔接方式是以抛物线方式进行的，如图 6-7 所示。

构建时需要注意图素的外形起点是否一致以及断面外形选取顺序及方向是否正确，否则会产生扭曲、错误的曲面，如图 6-8 所示。

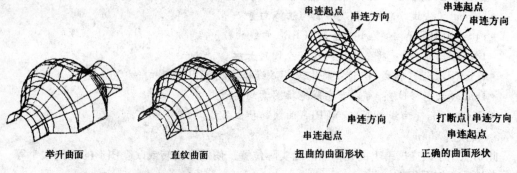

图 6-7　直纹曲面和举升曲面　　　　图 6-8　曲面的形状

2. 昆氏曲面（Coons）的构建

昆氏曲面是由熔接封闭的四个边界曲线所构成许多个缀面而成的曲面。有两种串连方式：自动串连和手动串连。

自动串连方式是使用三个图素定义的，分别是左上角的两个曲线和右下角的曲线，捕获其他位置都是不成功的，如图 6-9 所示。

当分歧点过多时，使用自动串连容易失败，常用手动串连方式来构建曲面。手动方式需

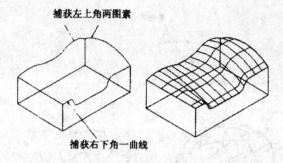

图6-9 自动串连

要先决定起始点位置，然后再输入所产生的昆氏曲面缀面数（分为截断方向和切削方向），如图6-10所示。

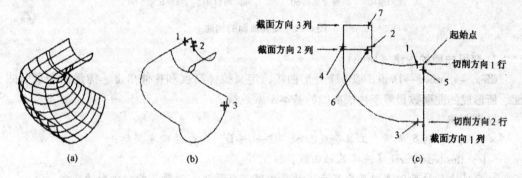

图6-10 手动串联

二、几何图形曲面

几何图形曲面是用直线、圆弧、平滑曲线等图素所产生的，Mastercam 提供旋转曲面、牵引曲面两种曲面技术建构几何图形曲面。

1. 旋转曲面的构建（Revolve）

Create→Surface→Revolved 是以特定的曲线，绕指定的旋转轴从起始角度旋转到终止角度构建成旋转曲面。所产生的曲面的数目就是构成外形曲线的图素数量，旋转的方向（不能输入负角度）是点选旋转轴的一端往另一端看时，为顺时针方向。如图6-11所示，一条轮廓图素和一条旋转轴线可旋转成一个整圆和部分圆。

操作方式

● 点取相应的菜单项、工具条或输入 "C→U→R" 命令后回车提示：

Select the profile entities（选择轮廓图素）

● 完成后，系统提示：

Select the axis of rotation（选择旋转轴线）

● 选择旋转轴后，系统提示：

Enter the starting angle：0 回车（输入起始角度）

Enter the final angle：360 回车（输入终止角度）

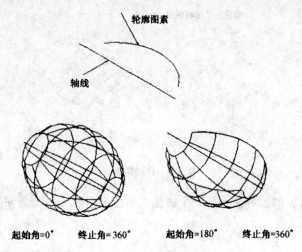

轮廓图素

轴线

起始角=0°   终止角=360°   起始角=180°   终止角=360°

图6-11   旋转曲面的构建

2. 牵引曲面的构建（Draft）

Create→Surface→Draft，以1个外形曲线，定义拉伸高度和拉伸角度，构建1个牵引曲面。所形成的曲面数目等于构成曲线的基本图素数量。

操作方式

● 点取相应的菜单项、工具条或输入"C→U→D"命令后回车提示：

Select the base curve（选择基础曲线）

● 被选中的轮廓图素以反白显示，并且出现1个箭头，此箭头指向牵引的正向。

提示：Specify the length（1.0000）：（键入拉伸长度）

● 可由箭头方向来判断牵引方向。当输入正值时会与图示箭头同向；如果输入负值的话，则会沿图示箭头反向牵引。此时，轮廓图素上又出现另一方向上的箭头，此箭头指向"正角度"方向。

提示：Specify the draft angle（0.0000）：（键入牵引角度）

● 输入正值时会与箭头同向，相反如果输入负值则会沿箭头反向牵引。

3. 扫描曲面（Sweep）的构建

扫描曲面是指定一截面（Across）外形沿着切削方向外形（Along）平移、旋转、放大、缩小或做线性熔接而形成曲面的一种建构方式。选择切削方向和横截面方向有三种形式，不能选择两个切削方向和两个横截面方向。

● 用一个截面和一个切削外形来构建扫描面，此时系统沿着Along外形平移或旋转Across外形，如图6-12所示。

● 用一个截面和两个切削外形来构建扫描面，如图6-13所示。

● 用两个截面和一个切削外形来构建扫描面，此时系统沿着Along外形，并于两个Across外形间做一个线性的熔接，Along的外形是用来控制弯曲的方向或路径的，如图6-14所示。

三、编辑曲面

编辑曲面是把已有的曲面去编辑修整而得到另一种曲面，Mastercam 提供四种编辑曲面

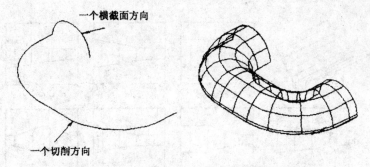

图 6-12　用一个截面和一个切削外形构建扫描面

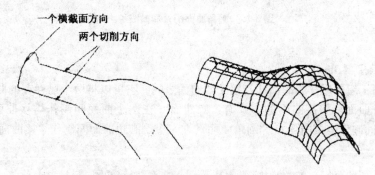

图 6-13　用一个截面和两个切削外形构建扫描面

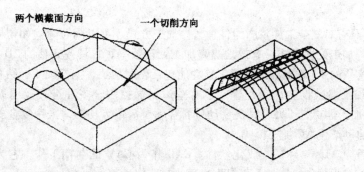

图 6-14　用两个截面和一个切削外形构建扫括面

的方法：曲面倒角，曲面补正、修剪曲面及曲面接合。

1. 曲面倒圆角（Fillet）

可以在所指定的两个曲面（平面/曲面、曲线/曲面、曲面/曲面）间以圆角化的曲面将尖锐的边界线或交线变得更加圆滑平顺，曲面倒角主要可以分为等半径与变化半径两种。其中变化半径又分为线性、抛物线、三次曲线、正弦、喇叭形与中间大六种，见图 6-15。

2. 曲面补正（Offset）

可将已存在的曲面沿其曲面的法线向量垂直产生一个设定补正距离值的曲面，所输入的距离可以为正或为负，负值将补正于原曲面法线向量的相反方向，正值将补正于原曲面法线向量的相同方向。

3. 修整/延伸曲面（Trim/Extend）

它可以将所指定的曲面由另一曲面或曲线来加以修剪或延伸，用于想要生成新定义曲面

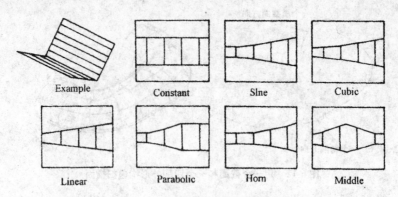

图 6-15　圆角曲面的外形曲线种类

的边界。

4. 曲面熔接（Blnd）

一般多用于想要用平顺的曲面连接于两曲面之间，它可以将两个已存在的曲面平滑相切地修整为单一曲面。熔接曲面的方式有：二曲面（在两个曲面间制作熔接曲面）、三曲面（在三个曲面间制作熔接曲面）和圆角曲面（在三个倒圆角曲面间制作熔接曲面）。

第五节　Mastercam 的数控加工

Mastercam 具有对复杂工件轮廓的各种数控加工方式。可以同时建立如粗铣、分层粗铣和粗铣后精修等加工处理程式，有效地提高加工处理效率。它具备完整的 2D 及 2.5D 铣削加工模组以及实用的 3D 铣削加工模组，其功能包括轮廓加工、挖槽加工、钻孔循环、曲面加工等。各项加工参数设定简单易懂，具有壁边斜面控制、多种进刀及退刀设定、支援 True Type 字体加工等功能。另外具备自动残料移除及清角等功能，采用复合式曲面与丰富的加工模式，自动产生 NC 加工模式。

Mastercam 是 CAD/CAM 的集成化软件。CAD 作为 CAM 的前期工作，它为后续的刀具路径编制、数控编程提供所需的几何模型方面的制造信息。

一、刀具路径功能

产生刀具路径可以处理外形铣削、钻削、槽型加工、字型铣削及进入 3D 刀具路径，完成各种空间曲面的处理，是通过主目录中的 Toolpaths（刀具路径）项实现。Mastercam 8.0提供的 Toolpaths 菜单功能如表 6-6 所示。

表 6-6　刀具路径菜单功能

功能项	含　义	说　明
New	新刀具路径	初始化操作管理和取消所有刀具路径
Contour	外形铣削	构建二维或三维外形铣削刀具路径
Drill	钻削	从一点或一系列的点产生一个钻孔刀具路径

功能项	含 义	说 明
Pocket	挖槽铣削	使用粗加工或精加工作为一个刀具路径
Face	面铣削	快速切除表面毛坯
Surface	曲面铣削	叙述陆面菜单并且产生曲面刀具路径
Muhiaxis	多轴加工	产生 CurveSax（五轴加工）、Driu5ax（五轴钻孔）、Swaf5ax（曲面五轴）、Flow5ax（沿线五轴）、Rotary4ax（旋转四轴）等多轴加工刀具路径
ODerations	操作管理	对刀具路径进行分类、编辑、重新生成和后处理操作
Job setup	工件设置	设置现在工件参数，包括 NCI 设定、毛坯和刀具补正设置
Manual ent	手动输入	插入注释或特别码至 NC 程式中
Circ tlpths	全圆铣削	选用一个进刀圆弧，两个 180 度圆弧和一个退出圆弧，自动加工一个整圆
Point	点刀具路径铣削	从选择点构建刀具路径
Project	投影铣削	投影 NCI 文件至一个平面、圆柱体、圆锥体、球体、横截面或曲面图素
Trim	修剪刀具路径	修剪一个现有的 NCI 文件至现在构图面
Wireframe	线框模型刀具路径	产生旧版的线架构模型刀具路径，包括 Ruled（直纹曲面铣削）、Revolution（旋转曲面）、Swept（扫描曲面）、Coons（昆氏曲面）、Loft（举升曲面）
Transform	转换	重复以前构建的刀具路径（在此功能前必需定义一个操作的刀具路径），沿 X 和 Y 轴方向按指定的距离，进行多次加工，每次用相同间距重复进入，可以使用平移、旋转和镜像三种形式
Import NCI	输入 NCI	输入存放在 NCI

表 6-7 所示的几种加工方法是曲面铣削中 Surface Rough（曲面粗加工）和 Surface Finish（曲面精加工）两种形式。

表 6-7　曲面铣削的加工方法

加工方法		含 义	说 明
曲面粗加工	Parallel	平行式	构建一个平行粗加工刀具路径
	Radial	径向式	用圆环图形粗加工圆环形零件
	Project	投影式	投影一个 NCI 文件、曲线或点至一个粗加工的多重曲面图形
	Flowline	曲面流线式	产生一个粗加工刀具路径，精确控制凹坑的高度
	Contour	等高外形式	去掉毛坯准备一个精加工操作
	Pocket	挖槽式	从曲面用挖槽构建一个刀具路径
	Plunge	插入下刀式	用钻削形式快速粗加工一个零件

加工方法		含　义	说　明
曲面精加工	Parallel	平行式	构建一个平行精加工刀具路径
	Parallel	平行陡坡式	从零件的陡壁区清除保留的毛坯
	Radial	径向式	从一个用户定义起点半径至曲面的边进行加工
	Project	投影式	投影一个 NCI 文件、曲线或点至一个粗加工的多重曲面图形
	Flowline	曲面流线式	产生一个精加工刀具路径，精确控制凹坑的高度
	Contour	等高外形式	精加工凹凸零件，用插入铣刀加工
	Shallow	浅平面式	从一个工件的狭窄区加工留下的毛坯
	Pencil	交线清角式	在曲面交叉处产生刀具路径
	Leftover	残屑清除式	构建刀具路径，以一个以前操作区用较大刀具去掉留下的材料
	Scallop	环绕等距式	在一凹坑高度使用全曲面上作一个刀具路径

二、构建刀具路径过程

当被加工物的几何模型产生后，接下来进行加工规划，Mastercam 根据使用者计算而产生刀具路径。

●从主目录中点取 Toolpaths→New，取消所有刀具路径（该项不删除任何图形），返回图形区。

●根据需要选择产生加工路径功能指令，根据提示，输入刀具路径文件名 ∗.NCI。在 Mastercam 中，刀具路径档称为 NIC 档，它属于加工程式与刀具路径规则中间的暂存档，它记录了使用者所规定的刀具参数与加工流程。

●选取加工曲面或外形，按不同的加工方式设定 NC 加工时所需的各种参数（外形铣削、钻削和挖槽铣削等所有刀具路径功能不同，它们各有自己的 NC 参数），如刀具形式、刀具尺寸、进刀/退刀方式、加工顺序、进给率、切削深度、精度、完成加工的表面粗糙度及加工次数等特定参数，每个选项和数据写入 NC 文件，然后使用数控铣床去加工零件。

●全部参数设置后，生成刀具路径（该刀具路径不能保存，只能在模拟刀具路径中绘制）。

●选择 NC utils→Backplot→Run（公共管理→模拟刀具路径→运行）指令，在屏幕上显示绘制的刀具路径。

●选择 NC utils→Post proc→run 指令，编辑后处理惯用文件。

●产生 NC 程序。

Mastercam 可以在加工之前，经动态的模拟加工路径，通过选取 NC Utilities→Verify，验证各项设定的正确性，如过切或干涉等现象，以提高加工品质与效率。

每章一练

1. 简述自动编程的过程，并说明后置处理的作用。

2. 请构建图 6-16 所示的线架模型，并分别利用直纹曲面、举升曲面、昆氏曲面构建其曲面。

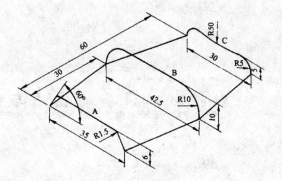

图6-16 题图

3. 请用扫描曲面完成图6-17题图。

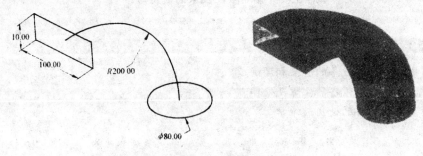

图6-17 题图

第七章　数控加工设备的应用与维护

　　数控加工设备的应用与维护是一项非常重要的工作，是能够提高设备工作效率和机器使用寿命的一项重要措施。本章主要介绍了数控机床的使用与维护。

1. 了解数控加工设备的安装和调试。
2. 熟悉数控加工设备的故障及处理。
3. 掌握数控设备的使用与维护。

＊　＊　＊　＊　＊　＊　＊　＊　＊　＊

第一节　数控加工设备的安装、调试与验收

　　设备的安装与调试是一项十分重要且技术性较强的工作，它不仅影响设备的使用性能，而且还影响到设备的使用寿命。

　　数控加工设备是一种技术含量很高的机电一体化产品，设备购进后，必须通过安装、调试，使其恢复和达到出厂时的各项性能指标并经验收合格后方能投入正常运行，其整个工作过程如图7-1所示。

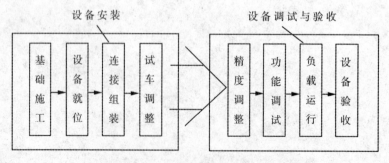

图 7-1　数控加工设备安装调试过程框图

一、设备的安装

1. 基础施工

设备安装之前，应先按厂方提供的基础图做好地基，并在要安装地脚螺栓的部位，做好预留孔。

2. 设备就位

设备拆箱后按照装箱单清点各包装箱内的零部件、电缆、资料等是否齐全，然后根据设备说明书把各大部件分别在地基上就位。

3. 设备的连接组装

设备的各部件在组装前，应去除安装连接面、导轨和各运动表面的防锈涂料，做好各部件的外表清洁工作。在组装过程中，部件连接定位元件一定要使用原来的定位销、定位块等，使安装位置恢复到设备拆卸前的状态。

部件组装完成后，按设备说明书中的电气接线图和液压、气动管路连接图，根据连接标记，将电缆、油管、气管对号连接好。连接时要注意管路的清洁工作、接触可靠及密封完好。

此外，还应检查数控柜和电气柜内部接插件有无因运输造成损坏，各接线端子、连接器和印制电路板接触是否良好等。

二、设备的开机调试

设备的开机、调试可按下列步骤进行：

1. 通电前的外观检查

● 检查数控柜。检查数控柜中的各类插座（包括接口插座），如伺服电动机反馈线插座、主轴脉冲发生器插座、手摆脉冲发生器插座、显示器插座等。如有松动要重新插好，有锁紧机构的一定要锁紧。

● 检查电气柜。检查电气柜中的继电器、接触器、熔断器、伺服电动机速度控制单元插座、主轴电动机速度控制单元插座等有无松动，有锁紧机构的接插件一定要锁紧。

此外，还必须按照说明书检查各印制线路板上的短路端子的设置情况，一定要符合设备生产厂所设定的状态，确实有误的应重新设置。对于新设备通常无需重新设置，但用户一定要对短路端子的设置状态做好原始记录。

● 检查限位开关。检查所有限位开关动作的灵活性及固定是否牢固。发现异常应立即处理。

● 检查操作面板上的开关及按钮。检查操作面板上的所有按钮、开关、指示灯的接线以及显示器单元上的插座和接线。发现有误应立即处理。

● 检查接线质量。检查所有的接线端子，并都紧固一次。

● 检查电磁阀。所有电磁阀芯都用手推动阀芯数次，以防长时间不通电造成动作不良。发现异常，应做好记录，以备通电后确认修理或更换。

● 检查电源相序。用相序表检查输入电源的相序。输入电源的相序与设备上各处标定的电源相序应绝对一致。测量电源电压，做好记录。

● 检查地线。要求有良好的地线。机体地线，数控装置地线，其接地电阻不能大于 $1\ \Omega$。

2. 设备总电源的接通

● 接通总电源。检查数控柜、主轴电动机及电气柜冷却风扇的转向是否正确，润滑、液压等处的油标指示以及照明灯是否正常，各熔断器有无损坏，发现异常应立即停电检修。

● 测量各强电部分的电压。特别是供数控及伺服单元用的电源变压器的初、次级电压，并做好记录。

● 确定有无漏油。发现液压系统中有漏油现象的应立即停电修理或更换元件。

3. 数控柜通电

● 按数控电源通电按钮，观察显示器，直到出现正常画面为止。如出现 ALARM 显示应寻找故障并排除。

● 打开数控柜，根据有关资料上给出的测试端子的位置测量各级电压，有偏差的应调整到给定值，并做好记录。

● 将状态开关置于 MDI（手动数据输入）状态，选择到参数页面，逐条逐条地核对参数。这些参数应与随机所带参数表符合，如有不符，应搞清该参数意义后再决定是否修改。

● 将状态开关置于 JOG 位置，将点动速度放在最低档，分别进行各坐标正、反方向的互动操作，同时用手按与点动方向相对应的超程保护开关，验证其保护作用的可靠性。然后，再进行慢速的超程试验，验证超程撞块安装的正确性。

● 将状态开关置于 ZRN 位置，观察回零动作的正确性（一般回零方向是在坐标的正方向）。

● 将状态开关置于 JOG 或 MDI 位置，进行手动变速试验。验证后将主轴的调速开关放在最低档，进行各档的主轴正、反转试验，观察主轴运转情况和速度显示的正确性；然后再逐渐升速到最高转速，观察主轴运转的稳定性。

● 逐渐变化快速超调和进给倍率开关，随意点动刀架，观察速度变化的正确性。

4. MDI 试验

● 将机床锁住开关放在接通位置，用手动数据输入指令进行主轴任意变档、变速，同时测量主轴实际转速，与主轴速度显示值比较，其误差应≤±5%。

● 进行转塔或刀座的选刀试验，检查刀座或转塔的正、反转和定位精度的正确性。

● 功能试验，用 MDI 方式输入指令 G01、G02、G03，并指令适当的主轴转速、进给速度、移动尺寸等，同时调整进给倍率开关，观察功能执行情况及进给率变化情况。另外，还可根据情况对各个循环功能、螺纹切削等功能进行试验。为防止意外情况发生，最好先将机床锁住进行试验，然后再放开机床进行试验。

5. EDIT（编辑）功能试验

将状态选择开关置于 EDIT 位置，自行编制一简单程序，尽可能多地包括各种功能指令和辅助功能指令，移动尺寸以机床最大行程为限，同时进行程序的增加、删除和修改。

6. AUTO（自动）状态试验

将机床锁住，用上述 EDIT 试验功能编写的程序进行空转试验，验证程序的正确性。然后放开机床分别将进给倍率开关、快速超调开关、主轴速度超调开关进行多种变化，使机床在上述各开关的变化情况下进行充分地运行；然后再将各超调开关置于 100% 处，使机床充分运行，观察整机的运行状况是否正常，从而比较全面地检查了机床的功能及工作可靠性。

第二节　设备验收

设备验收是指用户根据设备生产厂检验合格证上所规定的验收项目及实际可能采取的检测手段，全部或部分地检测各项技术指标是否符合合格证上规定的标准，并将检测到的数据记入设备技术档案，作为日后维修的依据。这一过程称为设备验收。加工设备的验收工作主要有以下几个方面。

一、设备的外观检查

设备外观检查的主要内容有：设备有无破损，外部部件是否坚固、连接是否可靠，数控柜中的 MDI/CRT 单元、位置显示单元、各印制电路板及伺服系统各部件是否有破损，伺服电动机（尤其是带脉冲编码器的）外壳有无磕碰痕迹等。

二、设备几何精度检查

数控加工设备的检查通常可按通用机床的有关标准进行，使用的检测工具和方法也与普通机床几何精度检查基本类似。现以普通立式加工中心为例，列出其几何精度的检测内容：
- 工作台面的平面度；
- X 坐标方向移动时工作台面的平行度；
- Y 坐标方向移动时工作台面的平行度；
- 各坐标方向移动时的相互垂直度；
- X 坐标方向移动时工作台面 T 形槽侧面的平行度；
- 主轴的轴向窜动；
- 主轴孔的径向跳动；
- 主轴箱沿 Z 坐标方向移动时与主轴轴心线的平行度；
- 主轴回转轴心线对工作台面的垂直度；
- 主轴箱在 Z 坐标方向移动时的直线度等。

值得注意的是，所有验收项目和数据要求必须在签订货合同前了解清楚，没有国家标准或国际标准的，生产厂要提供自己的供货标准。在验收过程中，使用的检测工具精度等级必须比所测的几何精度高一个等级。此外，几何精度的检测最好能在设备稍有预热的条件下进行，因此机床通电后各移动坐标应往复运动几次，主轴也应按中速回转几分钟后才能进行检测，即热稳定状态下检测。

三、设备性能及数控功能的检查

1. 定位精度的检查
设备的定位精度是表明加工设备各运动部件在数控装置控制下所能达到的运动精度。定位精度的主要检测内容如下：
- 直线运动定位精度与重复定位精度；
- 直线运动轴机械原点的返回精度；
- 直线运动失动量的测定；

- 回转运动定位精度与重复定位精度；
- 回转轴原点的返回精度；
- 回转运动失动量的测定。

2. 加工精度的检查

加工精度的检查是指在切削加工条件下对加工设备几何精度和定位精度的综合检查。这种检查可以是单项加工，也可以是加工一个标准的综合性试件。对于普通立式加工中心，其主要单项加工有：

- 镗孔精度，箱体孔转位180°加工后，两壁面孔的同轴度；
- 端面铣刀铣削平面的精度，与端面孔的垂直度；
- 镗孔的孔距精度和孔径分散度；
- 直线铣削精度；
- 斜线铣削精度；
- 圆弧铣削精度。

被切削加工试样的材料，通常采用一级铸铁，使用硬质合金刀具并按标准切削用量切削。

3. 设备性能及数控功能检查

不同类型的加工设备，其性能和数控功能的检查项目是不同的。一般主要检查各运动部件及辅助装置在启动、停止和运行中有无异常噪声，润滑系统、油冷却系统以及各风扇等工作是否正常。对于主轴，要检查它在高、中、低各种速度下启动、停止、运转时是否灵活可靠，有无抖动。手动操作各坐标正反方向运动，并在各种进给速度下进行启动、停止、点动等，观察运动是否平稳。检查安全装置是否齐全可靠，如各运动坐标超程自动保护停机功能、电流过载保护功能、主轴电动机过热过负荷自动停机功能、欠压过压保护功能等。

数控功能的检查要按照设备配备的数控系统说明书的规定，用手动方式或用程序方式检测该设备应具备的主要功能。如快速定位、直线插补、圆弧插补、自动加减速、暂停、坐标选择、平面选择、固定循环、刀具位置补偿、行程停止、选择停机、程序结束、冷却液的启动和停止、单程序段、原点偏置、跳读程序段、程序暂停、进给速度超调、进给保持、紧急停止、程序号显示及检索、位置显示、螺距误差补偿、间隙补偿及用户宏程序等功能的准确性与可靠性。

第三节 数控加工设备故障的诊断与处理

一、设备的可靠性

可靠性是指在规定的条件下（如环境温度、使用方法等），数控设备维持无故障工作的能力，通常可用以下指标衡量。

1. 平均无故障工作时间（MTBF）

指一台数控设备在使用中两次故障间隔的平均时间，即数控设备在寿命范围内总工作时间和总故障次数之比。

$$MTBF = \frac{总工作时间}{总故障次数}$$

2. 平均修复时间（MTTR）

指数控设备从出现故障开始至能正常使用所用的平均修复时间，显然这段时间越短越好。

3. 有效度（A）

这是从可靠度和可维修度对数控设备的正常工作概率进行综合评价的尺度，是指一台可维修的设备在一段时间内维持其性能的概率。

$$A = \frac{MTBF}{MTBF + MTTR}$$

由此可见，有效度 A 是一个小于 1 的数，但越接近 1 越好。因此，做好日常维修工作可延长 MTBF 时间，而缩短故障维修时间可降低 MTTR 时间，从而使有效度得以增加。

4. 平均故障率

指数控设备单位时间内发生故障次数的平均值。

对于一般用途的数控系统，其可靠性的指标至少应为：

平均无故障工作时间　　　MTBF≥800 h

有效度　　　　　　　　　A≥0.95

对于特殊要求或用于 FMS 和 CIMS 的数控系统，对其可靠性的要求要高得多。

二、设备的故障

故障是指设备或系统因自身的原因而丧失规定功能的现象。大量统计分析资料表明，数控设备的故障曲线形如浴盆，如图7-2所示。由图可知该曲线分为三个区。

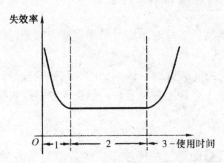

图7-2　故障曲线
1—初期运行区；2—稳定运行区；3—衰老区

1. 早期故障区

此阶段是设备的初期运行区，系统的故障率呈负指数曲线函数。故障率较高，此时的故障一般与制造、装配及元器件的质量有关，采取相应的措施故障是可以消除的。

2. 稳定运行区

为系统正常运行区，此时故障率曲线趋近水平，故障率低，一般均为因操作和维护不良而造成的偶发故障。

3. 耗散故障区

为系统的衰老区，此时故障率最大，主要是由于设备年久失修及磨损过度而产生的故障。

由故障曲线图可知，数控设备在早期和耗散期，其可靠性较低。为此，用户在购进数控设备后应尽快安装，投入使用，在保修期内使设备充分得到实际生产的考验，顺利渡过早期故障区。此外，在使用过程中加强对设备的保养维护同样可以延缓进入耗散故障区，从而使设备的使用寿命得以增加。

数控设备常见的故障

● 系统性故障和随机性故障　系统性故障是指设备或数控系统在一定的条件下必然出现的故障。随机性故障是指偶然出现的故障，产生这种故障往往是由于机械结构的局部松动、错位，控制系统中的元器件出现工作特性漂移，机床电气元器件可靠性下降等原因。这类故障在同样条件下只偶然出现，因此需要经过反复试验和综合判断才能排除。

● 有诊断显示和无诊断显示故障　现在数控设备所配置的数控系统都有较丰富的自诊断功能。一旦控制部分出现故障，系统就会报警，根据报警内容，较容易找到故障原因。而无诊断显示的故障，维修人员只能根据出现故障前后的现象来分析判断，所以排除故障的难度较大。

● 硬件故障和软件故障　通过更换已损坏的器件就能排除设备的故障称为硬件故障；由于编程错误造成设备的故障称为软件故障，此时只要改变程序内容或修改设备设定参数就能排除故障。

三、数控系统故障的诊断

无论何种数控系统，当发生故障时，均可采用下述方法进行综合诊断。

1. 自诊断功能法

现代的数控系统都已具备了较强的自诊断功能，它能将检测到的故障以报警信号在显示器上显示，或点亮操作面板上各种报警指示灯，操作人员根据报警信号或指示灯的提示，就可迅速找出故障。

2. 直观法

利用人的视、听、嗅、触的感官功能注意发生故障时的各种光、声、味、热等异常现象，观察可能发生故障的每块印制线路板的表面状况，从而找出故障。这是一种最基本、最简单的方法，但却要求具有一定的经验。

3. 备件置换法

通过分析发现可能产生故障的印制线路板后，可用备用的线路板进行替换。这种方法可逐步缩小故障因素的范围，迅速找出存在故障的线路板。

4. 系统参数检查法

系统参数会直接影响数控设备的功能。由于受外界的干扰或操作不慎而使个别参数丢失或变化，造成设备无法正常工作时，通过核对、修正参数，有可能将故障排除。

5. 测量比较法

利用印制线路板的检测端子来测量电路的电压及波形，以检查有关电路的工作状态是否正常。但在测量前应先熟悉这些检测端子的作用及有关部分的电路或逻辑关系。在有关逻辑关系不熟悉的情况下，可利用相同的两块板相互进行比较测量，找出故障。

以上各种方法各有特点，实际应用时可按照不同的故障现象，同时选择几种方法灵活应用，这样才能产生较好的效果。

四、故障的常规处理

数控设备出现故障时，操作人员应采取急停措施，停止系统运行，保护好现场。如果操作人员不能排除故障，应及时通知维修人员，并对故障作尽可能详细的记录。这些记录是分析、查找故障原因的重要依据。记录的主要内容如下：

1. 故障的种类

产生故障时系统处于何种工作方式（MDI、EDIT、JOG 等）；系统处于何种工作状态（执行 G 或 M 功能、自动运转、暂停等）；报警号、刀具轨迹及速度是否正常等。

2. 故障的频率程度

故障发生的时间及次数；做同类工作时，发生故障的情况；故障发生的特定状况（换刀、切削螺纹等）；出现故障的程序段。

3. 故障的重复性

在确保人身和设备安全的前提下，将引起故障的程序段重复执行多次进行观察。

4. 操作过程

注意经过什么操作后才发生故障；操作方式是否有错等。

5. 设备的运转

在运转过程中是否改变或调整过运动方式；系统是否处于急停状态；机床是否处于锁住状态；操作面板上方式开关设定是否正确，保险是否烧断等。

6. 数控装置

数控柜内风扇电动机是否正常；电缆是否完整无损；电缆连接插头是否完全插入、拧紧；印制线路板有无缺损等。

常见故障及处理

数控加工设备是高度机电一体化的产品，其故障的原因也可能是多种多样的，有机械的、电气的及控制系统的等，但其处理的方法都是先经过诊断找出故障的原因，然后通过精心的调整，或更换失去功能的元器件来排除故障。现将常见的机械故障及电气故障的现象、故障原因及处理方法归纳如下：

1. 数控加工设备常见机械故障及其处理方法

（1）机床导轨没有润滑或润滑状况不良

●检查供油器：往供油器、油箱中加 20# 导轨润滑油至油标位置。

●检查机床导轨的润滑油管：清除油管内管路堵塞物，更换压扁、破裂的油管，拧紧油管接头。

●检查供油器的供油量情况：松开供油器扳手孔内的紧固螺钉，顺时针转动扳手，保证活塞泵每隔 7min 注出 1.5～2.5mL 的油；也可以用手动方法提压供油器手柄数次，使其供油量充分。

（2）机床滚珠丝杠副润滑状况不良

●检查工作台（X 轴）、滑座（Y 轴）、主轴箱（Z 轴）及滚珠丝杠副：移动工作台、滑座和主轴箱，取下罩套，涂上 NBU15 润滑脂。

（3）工作台 X 轴、滑座 Y 轴、主轴箱 Z 轴不能移动

●检查机床各坐标轴与丝杠联轴器是否松动：拧紧联轴器上的螺钉。

●检查工作台、滑座、主轴箱压板是否研伤：卸下压板，调整压板与导轨间隙，保证间隙为 0.02 ~ 0.03mm。

●检查工作台、滑座、主轴箱镶条：松开镶条止退螺钉，用一字旋具顺时针旋转镶条螺栓，使三个坐标轴能灵活移动，保证 0.03mm 塞尺不得塞入，然后锁紧止退螺钉。

●检查工作台导轨面、滑座导轨面及主轴箱导轨面是否研伤：用 180# 砂布修磨机床导轨面上的伤痕。

●检查工作台、滑座、主轴箱的润滑状况：改善润滑条件，使其润滑油量充足。

（4）工作台、滑座、主轴箱移动时有噪声

●检查工作台、滑座、主轴箱的润滑状况：改善润滑条件，使其润滑油量充足。

●检查工作台、滑座、主轴箱丝杠轴承的压合情况：调整轴承压盖，使其压紧轴承端面，拧紧锁紧螺母。

●检查工作台、滑座、主轴箱的丝杠轴承：如轴承破损，更换新轴承。

●检查电动机轴与丝杠联轴器是否有松动现象：如有松动，拧紧联轴器的锁紧螺钉。

（5）主轴发热

●检查主轴前、后轴承是否损伤或轴承不清洁：更换损坏轴承，清除脏物。

●主轴前端盖与主轴箱体压盖研伤：修磨主轴前端盖，使其压紧主轴前轴承，轴承与后端盖有 0.02 ~ 0.05mm 间隙。

●轴承润滑油脂耗尽或润滑油脂涂抹过多：涂抹 NBU15 润滑脂，每个轴承 3 mL。

（6）主轴在强力切削时丢转或停转

●电动机与主轴连接的带过松：移动电动机座，张紧带；然后将电动机座重新锁紧。

●带表面有油：用汽油清洗后擦干净，再装上。

●带使用时间太久而失效：更换新带。

（7）主轴噪声

●缺少润滑脂：涂抹 NBU15 润滑脂，保证每个轴承涂抹润滑脂量不得超过 3 mL。

●小带轮与大带轮转动平衡情况不佳：带轮上的动平衡块脱落，重新进行动平衡。

●主轴与电动机连接的带过紧：移动电动机座，使带松紧度合适。

（8）刀具不能夹紧或刀具夹紧后不能松开

●刀具不能夹紧时，要检查风泵气压，检查增压气是否漏气，检查刀具夹紧液压缸是否漏油，检查刀具松夹弹簧上的螺母是否松动：调整气压在 0.5 ~ 0.7 MPa 范围内，往增压器中注油，修理增压器使其不漏油，更换刀具夹紧液压缸的密封环，使其不漏油。顺时针旋转松锁刀弹簧上的螺母，使其最大工作载荷为 13 kN

●刀具夹紧后不能松开时，要检查松锁刀弹簧是否压合过紧：逆时针旋转松锁刀弹簧上的螺母，使其最大工作载荷不超过 13 kN。

(9) 刀库中的刀套不能夹紧刀具

●检查刀套上的调整螺母：顺时针旋转刀套两边的调整螺母，压紧弹簧，顶紧卡紧销。

(10) 刀具不能旋转

●连接伺服电动机轴与蜗杆轴的联轴器松动：紧固联轴器上的螺钉。

(11) 刀套不能拆卸或停留一段时间后才能拆卸

●刀套不能拆卸，要检查操纵刀套90°拆卸气阀，看它是否动作：检查气体是否清洁，修理气阀。

●气压不足：提高气压，保证其气压为 0.5 ~ 0.7 MPa，流量为24 L/min。

●刀套上的转动轴锈蚀：卸下，更换轴套。

(12) 刀具从机械手中脱落

●检查刀具质量：刀具最大质量不得超过 10 kg。

●机械手卡紧销损坏或没有弹出来：更换弹簧。

(13) 刀具变换时掉刀

●换刀时主轴箱没有回到换刀点位器或换刀点漂移：重新操作主轴箱运动，使其回到换刀点位置，重新设定换刀点。

2. 数控加工设备常见电气故障及其原因

(1) 数控系统不能接通电源

●电源指示灯不亮：输入单元熔断器烧断输入单元报警灯亮：直流工作电压、电路的负载有断路。

●显示器无显示，机床不能动作：主控制印制线路板或存储系统控制 ROM 板不良。

●显示器无显示，机床仍能正常工作：显示部分或显示器控制部分有故障。

●机床不能正常返回基准点：脉冲编码器连接电缆断线。

●机床返回基准点时，停止位置与基准点位置不一致：产生随机偏差：屏蔽线接触不良或脉冲编码器的信号电缆与电源；电缆靠得太近脉冲编码器不良。产生微小误差：电缆或连接器接触不良。

●运行过程中，电源突然切断，显示器出现"NOTREADY"：可编程控制器有故障。

●手摇脉冲发生器不能工作：显示器有显示时：机床处于锁住状态或伺服系统有故障；显示器无显示时：手摇脉冲发生器接口板不良。

(2) (直流) 主轴控制系统

●主轴不转：触发脉冲电路故障；印制线路板太脏。

●主轴转速不正常：印制线路板太脏；印制线路板中的误差放大器电路有故障；印制线路板 D/A 变换器或测速发电机有故障。

●主轴电动机振动或噪声太大：系统电源缺相或相序不对；印制线路板的增益电路或反馈回路调整不当；控制单元的 50/60Hz 频率开关设定错误。

(3) 进给驱动系统

●机床失控 (飞车)：检测器发生故障，使位置检测信号为正反馈信号；电动机和位置检测器间的连接不良；主控制线路板或伺服单元线路板不良。

●机床振动：振动周期与进给速度成比例：电动机、检测器不良或系统插补精度差，检测增益太高；振动周期大致固定：位置控制系统参数设定错误或速度控制单元的印制线路板不良。

●机床过冲：快速移动时间常数设定太小或速度控制单元上的速度环增益设定太低。

●机床快速移动时有振动和冲击：伺服电动机内测速发电机电刷接触不良。

●电压报警：输入电源电压过高（超过10%）或过低（低于85%）。

●大电流报警：速度控制单元上的功率驱动元件——可控硅模块或晶体管模块损坏或电动机绕组内部短路。

●过载报警：机械负载不正常；速度控制单元上电动机电流限值设定太小；伺服电动机的永久磁体脱落。

●速度反馈断线报警：伺服电动机的速度或位置反馈线不良或连接器接触不良；伺服单元的印制线路板设定错误，将脉冲编码器设定为测速发电机。

●伺服单元断路器切断报警：速度控制单元的环路增益设定过高；位置控制或速度控制部分的电压过高或过低引起振荡；速度控制单元加速或减速频率太高；电动机去磁引起过大的激磁电流。

第四节　数控加工设备的使用与维护

数控加工设备是机、电、液一体化的技术密集型的高精度自动化设备，正确使用可避免设备的突发故障；精心维护可使设备始终处于良好的技术状态。因此，作为一个设备的操作者，必须掌握设备使用与维护方面的知识。

一、设备的使用要求

1. 设备操作与管理要求

使用设备时一定要严格按操作规程进行操作，操作者不能随便触动电器，更不允许随意改变控制系统内制造厂设定的参数，因为这些参数的设定直接关系到设备各部件的动态特性。设备发生故障时，操作者要注意保留现场，并向维修人员说明情况，以利分析问题，查出故障的原因。

此外，设备购进后要充分利用，尽量提高设备的利用率。若因生产任务不足，设备需较长时间停用时，不能长期封存，应每周通电1~2次，每次空运行1小时左右，利用设备本身的发热量来降低机内湿度，使电器元件不致受潮，同时也能及时发现有无电池报警发生，以防系统软件、参数的丢失。

2. 设备环境及电源要求

设备的位置应远离振动源，避免阳光直射和热辐射的影响，过高的温度和湿度将导致控制系统元件寿命降低。特别是在温度、湿度较高的情况下，灰尘会在集成电路板上黏结，导致短路。特别干燥的环境也能使线路因静电干扰而出现故障。

数控设备对电源电压有较高的要求，通常允许在电压额定值的85%~110%范围内波动。否则会直接影响数控系统的正常工作。对于电源电压波动大而频繁的工作环境，应设置稳压电源。

3. 使用人员的技术素质要求

一个合格的使用人员，应具有快速理解程序的能力，熟练的操作技巧，并具有对设备使用中出现的各种情况综合判断处理的能力，能分析影响加工质量的因素并采取有效对策，具有维护保养好所使用的设备及排除一般小故障的能力。

二、设备的维护保养

数控设备的使用精度和寿命，很大程度上取决于它的正确使用和日常维护。正确的使用和维护能防止设备的非正常磨损，使设备保持良好的技术状态，延长设备的使用寿命，降低设备的维修费用。

各种数控设备因其功能、原理及系统的不同，各具不同的特性，因而其维护保养的方法也有所不同。下面介绍一些共性的保养与维护方法。

1. 机械系统的日常维护

数控加工设备机械系统的日常维护，根据设备的型号不同，其保养的内容和要求不完全一样，主要包括以下几方面：

● 保持良好的润滑状态　定期检查、清洗自动润滑系统，添加或更换油脂油液，使丝杠、导轨等各运动部件始终保持良好的润滑状态，减少机械磨损。

● 机械精度的检查调整　定期对设备的一些运动部件进行精度检查及调整，减少各运动部件之间的形状和位置偏差，如换刀系统、工作台交换系统、丝杠反向间隙等的检查调整。

● 做好清洁卫生工作　设备太脏，粉尘太多，会影响机床的正常运转，如油水过滤器、空气过滤网等太脏，会产生压力不够、散热不好，从而造成故障。运动部件表面积灰过多，会造成运动部件运动阻力增加，以及加剧部件的磨损等，所以必须经常对设备进行清扫。

现将加工中心的主要日常保养工作归结成表7-1供参考。

表7-1　加工中心日常保养一览表

序号	检查周期	检查部位	检查要求（内容）
1	每天	导轨润滑油箱	检查油量，及时添加润滑油，润滑油泵是否定时启动打油及停止
2	每天	主轴润滑恒温油箱	工作是否正常，油量是否充足，温度范围是否合适
3	每天	机床液压系统	油箱液压泵有无异常噪声，工作油面高度是否合适，压力表指示是否正常，管路及各接头有无泄漏
4	每天	压缩空气气源压力	气动控制系统压力是否在正常范围之内
5	每天	气源自动分水滤气器，自动空气干燥器	及时清理分水滤气器中滤出的水分，保证自动空气干燥器工作正常
6	每天	气液转换器和增压器油面	油量不够时要及时补充
7	每天	X、Y、Z轴导轨面	清除切屑和脏物，检查导轨面有无划伤、损坏，润滑油是否充足

序号	检查周期	检 查 部 位	检查要求（内容）
8	每天	CNC 输入/输出单元	如光电阅读机的清洁，机械润滑是否良好
9	每天	各防护装置	导轨、机床防护罩等是否齐全有效
10	每天	电气柜各散热通风装置	各电气柜中冷却风扇是否工作正常，风道过滤网有无堵塞；及时清洗过滤器
11	每周	各电气柜过滤网	清洗黏附的尘土
12	不定期	冷却油箱、水箱	随时检查液面高度，即时添加油（或水），太脏时要更换。清洗油箱（水箱）和过滤器
13	不定期	废油池	及时取走积存在废油池中的废油，以免溢出
14	不定期	排屑器	经常清理切屑，检查有无卡住等现象
15	半年	检查主轴驱动带	按机床说明书要求调整带的松紧程度
16	半年	各轴导轨上镶条、压紧滚轮	按机床说明书要求调整松紧状态
17	一年	榆查或更换电动机碳刷	检查换向器表面，去除毛刺，吹净碳粉，磨损过短的碳刷及时更换
18	一年	液压油路	清洗溢流阀、减压阀、滤油器、油箱；过滤液压油或更换
19	一年	主轴润滑恒温油箱	清洗过滤器、油箱，更换润滑油
20	一年	润滑油泵，过滤器	清洗润滑油池．更换过滤器
21	一矩	滚珠丝杠	清洗丝杠上旧的润滑脂，涂上新油脂

综上所述，数控没备的使用精度和寿命，很大程度上取决于它的正确使用和日常维护，所以操作者必须严格按规定认真做好保养工作。此外，还应建立和健全有关数控加工没备使用和维护方面的规章制度，如岗位责任制、设备操作规程、维护保养制、计划预修制及设备运转记录和交接班制等。这些规章制度都是保证设备正常运行的重要条件。

2. 数控系统的日常维护

数控系统的日常维护保养，在该系统的说明书中一般都有明确的规定。实际操作时还应注意以下几个方面：

● 确保数控柜、电气柜的散热通风系统正常工作　每天应检查各柜的冷却风扇工作是否正常，风道过滤网是否堵塞。否则将引起柜内温度过高，致使数控系统不能可靠地工作。

● 定期检查和更换直流伺服电动机的电刷　直流电动机电刷的过度磨损会影响电动机的性能，甚至造成电动机损坏。一般为三个月或半年检查一次，同时用工业酒精对电刷表面进行清洗。

● 系统后备电池要定期更换　系统参数及用户加工程序由带有掉电保护的静态寄存器保存，系统关机后内存中的内容由后备电池供电保持。因此，经常检查电池的工作状态和及时更换就显得极为重要。值得注意的是，为了不遗失系统参数及程序，更换电池必须在系统开机时进行。

●保持电气柜的干燥与清洁　尽量少开控制柜门，以防车间空气中的灰尘、油雾及金属粉末落在电子部件或印制线路板上造成短路。对于长期不用的数控系统，应经常给系统通电，在机床锁住不动的情况下让系统空运行，利用电器元件本身的发热来驱散数控装置内的潮气。

1. 试述数控加工设备安装与调试工作的内容与程序。
2. 试述数控设备的维护保养工作有何重要意义？简述数控系统的保养要点。
3. 何谓设备的可靠性？其衡量的指标是什么？